城市艺术设计研究

郑 宏 著

社会科学文献出版社
SSAP
SOCIAL SCIENCES ACADEMIC PRESS (CHINA)

自 序

城市特色是城市价值的重要体现，城市特色“趋同”问题，是全球和中国城市发展中普遍关注的问题。中国正处于高速城市化进程，城市特色“趋同”问题更加突出与尖锐。这里提出建立城市艺术设计学的概念，旨在解决城市特色“趋同”问题。城市特色“趋同”无疑是城市建设的“灾难”，是城市价值与竞争力“乏力”的表现。

研究城市艺术设计学的意义体现在三个方面：一是城市艺术设计学是艺术设计学内容的扩展。长期以来，在我国美术和艺术设计院校都没有将城市作为艺术设计学科的研究对象，没有城市艺术设计专业和课程设置，这是我国艺术院校发展观念的局限性所致；二是城市艺术设计学是城市规划学的创新与扩展；三是城市艺术设计学是学科交叉创新的产物。城市艺术设计学是艺术设计学科和城市规划学科交叉创新的反映。城市艺术设计学概念的建立是艺术设计学与城市规划学等学科的交叉、综合、融合和分化的结果。

城市艺术设计包括城市艺术总体规划和控制性详细规划，它包括城市道路、广场、公共艺术、公共设施、城市色彩、城市广告以及城市艺术历史保护规划等。

城市艺术设计学可划分为理论城市艺术设计学和应用城市艺术设计学。

城市艺术设计学是以艺术化设计与艺术品创作规律为主体，着力解决城市“特色危机与趋同化”问题并提升城市人文艺术品质功能，增加城市附加值。

它运用艺术设计的方法与规律，把我们的每一座城市，既建成“能用、好用、耐用”的城市，又建成“能看、好看、耐看”的城市。

本书主要进行以下几个方面的探讨，一是城市艺术设计学的价值。二是城市艺术设计学的相关人物和理论，探讨卡米诺·西特与他的《城市建设艺术》以及城市美化运动的影响，介绍几座著名城市艺术设计经典城市，这些城市因为重视城市艺术设计而获得高附加值回报，带来持久吸引力。三是提出城市艺术设计的控制与营造的概念。四是城市艺术设计的类型、层次与方法。五是城市公共空间优化，结合北京旧城和新建区规划设计实践，探讨优化公共空间的概念、意义。六是城市艺术设计与城市遗产保护，特别强调城市遗产保护是城市艺术设计的重要内容，并结合北京牌坊和牌楼的保护、恢复与增建案例进行研究。七是城市艺术设计与景观设计，提出广义和狭义的景观设计概念，明确提出城市景观是广义景观的重要内容。八是城市艺术设计与国家形象的关系，通过天安门广场国旗升挂尺度设计研究，阐明城市艺术设计与国家形象优化的关系。九是城市公共艺术发展与设计语言研究，在探讨相关概念的同时结合案例说明。十是提出争议在城市艺术设计中的价值，通过案例分析说明我们需要鼓励和包容城市艺术设计中的“争议”，因为这是发展城市艺术设计的基础与土壤。最后通过不同类型和层次的城市艺术设计实践展现城市艺术设计的价值和方式方法的多样性。

城市艺术设计无论从宏观层面还是微观层面都是具体而富有感染力的。

卡米诺·西特在《城市建设艺术》中明确了城市艺术的独立价值，笔者则更进一步希望在我国城市规划体系和城市规划教育体系中设立城市艺术设计这个学科和确立城市艺术设计的法定地位，而不是使城市艺术设计的内容和价值处于“可有可无”状态。建立城市艺术设计学，是解决城市特色和个性危机的一个有效途径，这是城市艺术设计学最为重要的职能体现。

笔者在捷克布拉格的城市考察中发现整个城市地面全部采用统一色彩、统一尺寸、统一材料进行不同图案的铺装，以此体现城市特色与个性，增加识别性，其手法平实却见效奇妙。这说明城市艺术设计可以通过细节和整体相结合的方式，实现营造城市特色的目标，将城市微观要素与城市总体规划目标相统一。城市艺术设计是体现城市特色和个性以及城市品质的重要途径。

本书希望通过这些探讨进一步明确城市艺术设计学确立的价值与意义，希望能为城市艺术设计的发展提供积极的参考。

目 录

第一章
城市艺术设计学的概念和方法

在我国提出城市艺术设计学的概念是基于三个方面的考虑，一是艺术设计领域拓展的需要，二是城市规划和城市设计领域拓展的需要，三是学科交叉的需要。（郑宏，2004）

第一，在艺术设计原有的范畴里虽然涉及环境艺术设计，但仅局限于室内环境、家具、展览等范畴，城市没有列为艺术设计的研究对象和范畴，没有设定相应学科，这反映出我国美术和艺术设计领域认识的局限性。

第二，在城市规划和城市设计领域中应涉及艺术或艺术规划设计问题，但是在我国城市规划和城市设计中，艺术规划和设计的地位和作用处于“缺位或模糊”状态，没有相应学科类型满足城市艺术规划设计的要求，导致城市特色、个性以及人文精神品质方面的问题越来越多，而城市艺术设计正是解决这些问题的有效途径，所以城市规划应将城市艺术设计纳入其中，并与城市交通规划、人口规划等专项规划具有同等地位和作用。

第三，艺术设计与城市规划交叉，其实就是融合，在艺术设计中研究城市，在城市规划中研究艺术。研究如何在城市规划设计的不同层次和阶段与城市艺术设计的目标和价值相结合，对提升城市品质、增加城市附加值，具有积极意义。

第一节 城市艺术设计学概念的确立与意义

本节从三个方面明确城市艺术设计学的概念，不仅体现建立学科的特点，也体现建立学科的必要性和意义。

一 城市艺术设计学概念的确立

城市艺术设计学是艺术设计学科发展中的一个创新概念。城市艺术设计概念的创新主要从三个方面体现。

第一，从艺术设计学科本身的发展角度来理解。在传统的艺术设计学科概念中没有将城市作为艺术设计的对象。

第二，城市艺术设计学概念是城市规划概念的创新和发展的体现。在城市规划学科的概念中，无论是宏观系统还是微观系统，都没有城市艺术设计学这一概念。原有的城市规划只重视物质规划，这也反映出原有城市规划体系的不完整性。城市艺术设计学强调城市的精神形态规划，涉及城市形象设计与创作，它应当成为城市规划中不可缺失的核心概念之一。

第三，城市艺术设计学概念是艺术设计学科和城市规划学科的交叉创新的反映。

二 城市艺术设计学概念的重要性和意义

任何学科中，新的学科概念的确立都是学科发展的重要标志。

我国有“名副其实”的说法，所谓“名”即概念。我们确立并明确城市艺术设计学这个概念的目的就是强调它的特征和属性。城市艺术设计学的建立是艺术设计与城市规划等学科的综合、交叉、融合和分化的结果。

在我国近现代的城市建设与发展中，由于受到各种因素的影响，城市艺术设计既没有很好地继承传统，也未能科学地、准确地汲取西方的方法。就是在当前的城市规划设计理念中主要还是以城市物质功能规划方法为主。城市精神形态以及艺术形态的设计与规划是附属的。表面上看很“务实”，其实是对城市功能认识的“缺位”的反映。

城市艺术设计学应当从学科的科学性、合理性的论证中得到确认，产生共识，得到应有的重视。

近些年来，我国在研究城市相关问题上所涉及的与城市艺术设计学有关的概念是很多的，比如城市形象设计研究、历史文化名城研究、城市特色设计、城市更新、城市美学研究、景观城市设计、旅游城市设计、山水城市设计、花园城市设计、市标、市徽、市花、城市艺术照明、城市雕塑、户外广告、城市设施、城市标识系统以及城市美化，等等。这些概念中均体现了一个核心问题就是艺术设计。所以，我们应当实事求是地说，城市学体系需要城市艺术设计学这个分支。

以城市艺术设计学为核心概念，研究城市艺术设计学与城市物质功能规划的关系、与城市文化的关系、与城市经济的关系、与城市地理的关系、与城市历史的关系、与城市交通的关系，我们可以更加全面地认识城市艺术设计的作用与意义。

第二节　城市艺术设计学与其他学科的关系

梳理城市艺术设计学与其他学科的关系非常重要，我们可以从学科关系中发现学科自身的特点。以下我们简要分析它们之间的联系和自身特点。

从城市艺术设计学与城市规划学的关系来分析，城市艺术设计学是城市规划宏观体系中的一个重要分支，将城市艺术设计学从其宏观系统中独立出来加以研究，可以发挥其应有的独特作用。当然城市艺术设计不能离开城市宏观规划体系，但是城市艺术设计学的作用是无法替代的。在综合性很强的城市规划学科中，很难体现和强调城市艺术设计学的特殊形态和规律。

越是强调城市艺术设计学的特点和作用，就更需加强其与城市宏观体系的联系。

城市艺术设计学与城市设计的关系最易模糊，这又体现了城市设计的综合性特点。《中国大百科全书·建筑、园林、城市规划卷》对城市设计的解释是：“对城市体形环境所进行的设计。”《简明不列颠百科全书》对城市设计的解释是：“对城市环境形态所做的各种合理处理和艺术安排。”它们仅仅包含了城市艺术设计的内容，但不是以城市艺术设计为核心。

城市艺术设计学与艺术设计的关系，应从我国艺术设计学科的发展历史和范围来分析，传统艺术设计一般涵盖服装艺术设计、装潢艺术设计、家具设计、陶瓷设计以及室内外建筑环境设计等，从未将城市纳入艺术设计范畴，这是由于历史的局限和认识的局限造成的。城市艺术设计学的提出是符合艺术设计学科规律的。

城市艺术设计学不仅与传统城市规划等学科有着紧密联系，同时它还与历史学、地理学、社会学、经济学、心理学、美学、建筑学等学科存在密切联系。这也说明城市艺术设计学是充满生命力的。

第三节　城市艺术设计学的研究方法

从方法论的角度思考城市艺术设计学的创建意义，值得我们探索的问题就更多。

我们今天处在学科不断分化创新的时代，许多新兴学科相继从包罗万象的统一学科中分化出来并得到迅速发展。学科在分化的同时又出现新的综合。

城市艺术设计学也经历了分化和综合的过程，它综合运用了多个学科的研究方法和原则，这就决定了城市艺术设计师必须关心各个学科的最新发展，随时汲取其中的理论和方法来武装自己。

城市艺术设计学研究，强调城市艺术设计研究方法的整体性、能动性、相关性。

城市艺术设计学研究的一般方法，必须根据城市艺术设计学研究对象的定义及其最一般的特点来确定。城市艺术设计学是运用艺术设计方法研究城市的发展变化规律，根据这个定位势必形成独具特点的研究方法及相关理论。不仅需要沿用一些传统方法，还要不断运用新方法。

科学地认识城市艺术设计学的概念十分重要。城市艺术特色是一个国家、一个民族和一个地区，在特定的历史条件下的写照。它体现于当地人民的社会生活、精神生活以及习俗与情趣之中。城市艺术特色一般仅存在于某一个地区范围内，而不在其他地区重复出现，具有不可替代的形态、形象和形式。所以，在当今的信息化时代，在国家间、城市间、地区间高度开放、高度互动的情况下，城市艺术特色的形成就显得更加珍贵与艰巨了。城市艺术“特色危机与趋同化”只能寄希望于引入艺术设计的方法和理念来解决。

城市艺术的品位和品质，是通过城市的历史、文化和艺术等诸多因素整体地“由里及表”的体现，是一个城市文化精神的深刻的、内在的“由里及表”的“渐显过程”，而不是通过某种“突击式”的，用一层“虚壳式”的表面化的装饰能实现的。

城市艺术的文化性、艺术性的实现，必须与城市的功能规划相统一，而不是先做完城市功能性规划，再加些所谓的“艺术规划”，并将城市艺术设计仅当作城市的“装饰品”，置于可有可无的境地。我们需要“能用、好用、耐用”的城市，也需要“能看、好看、耐看”的城市。

在当下全球化的环境中，我们必须以“和而不同”理念为基础。以“顺应自然、尊重历史、发展特色、整体设计、长期完善”的城市艺术设计理念来设计与建设城市。

第四节　城市艺术设计学的创建、发展、机遇与挑战

城市艺术设计学的概念研究必然涉及国家对城市文化艺术建设与发展的宏观战略指导，以及专业化管理制度的制定。它应当是国家文化艺术发展战略的重要组成部分，所以研究城市艺术设计必然要有“宏观”和“战略”层面上的思考。

我国高等院校目前还没有设立城市艺术设计学科，若有的话也仅仅是局部的、附属性的，这显然已滞后于社会发展。城市艺术设计学科的定位既可在美术学院，也可在规划、建筑学院，发挥各自优势。城市艺术设计学科应当是美术院校、艺术设计院校新学科扩展的方向之一。

城市艺术设计学的概念与发展的瓶颈和制约因素主要体现在城市规划法律、法规文件中尚未明确城市艺术设计概念。国家重大城市规划项目尚未明确提出城市艺术设计的要求和目标。

我国目前尚未实行城市艺术设计师、城市艺术规划师制度。城市艺术设计，应与城市实用功能与技术规划相统一，也应当“各司其职”。

这就要求我国有关城市建设管理部门打破固有的意识与观念，让城市艺术设计学科的建设与管理建立在更加科学的基础之上。

21 世纪的中国城市艺术设计，将面临重大的机遇与挑战。

一方面，经济活动的全球扩散与全球一体化，对中国城市艺术设计产生的双刃效应正日益显现。这就意味着中国城市艺术设计，必须在全球性城市这个巨大的系统参照下进行。另一方面，中国各地区经济、文化与社会发展的差异较大。在一定时期内存在着较大

的发展梯度，这就意味着中国城市艺术建设存在着巨大的发展空间和广阔前景。

从中国近几十年的城市建设来观察，中国城市建设的趋同化、无特色已成为我国城市艺术建设中最大的“盲点”。这个建设“盲点”的形成，是由于长期以来将城市建设看成单一经济现象，没有将城市建设当成国家文化和艺术构成的重要组成部分来加以规划与指导所致。所以，中国城市建设必须引入文化理念和艺术设计方法，运用艺术设计方法去研究、解析每一座城市，设计每一座城市。为了实现这一目标，我们必须加紧建立“中国城市艺术风格模型”，建立“中国城市特色建设系统”。把中国城市艺术设计纳入一个更加科学、有序的系统。

第二章
城市艺术设计理论的相关人物、思潮和运动

城市艺术设计研究离不开前人的理论探索和城市设计实践，尽管城市艺术设计相关的学者很多，但明确强调城市艺术设计价值的代表人物应属奥地利学者卡米诺·西特，美国城市美化运动思潮与城市艺术设计理论密切相关。

第一节　城市艺术设计理论的相关人物

我们在梳理近现代城市艺术设计相关人物时离不开这几位学者，他们是卡米诺·西特、伊利尔·沙里宁、F. 吉伯德、爱蒙德·N. 培根、凯文·林奇以及芦原义信。卡米诺·西特是直接研究城市艺术设计问题，而其他学者只是在探讨城市设计中部分涉及城市艺术问题。所以我们可以说，西方城市艺术设计研究代表人物是卡米诺·西特。

卡米诺·西特　奥地利近现代著名城市艺术规划设计研究开拓者，他于 1889 年出版了《城市建设艺术》一书。齐康认为他是现代城市规划和城市设计学说的奠基人。西特根据大量古代城市空间实例考察和研究，归纳了一些富有建设性的见解。思考古典城市与现代城市的艺术差异以及如何处理面临的各种问题，为现代城市艺术设计的形成与发展奠定了基础。

伊利尔·沙里宁　美籍芬兰建筑师，曾经进行芬兰首都赫尔辛基城市规划，曾出版《城市——发展、衰败和未来》和《形式探索：艺术的基本途径》等具有影响的著作，强调城市设计工作的作用，提出体形环境设计的理念。他十分尊重卡米诺·西特的学术观点，并受其影响，还为卡米诺·西特《城市建设艺术》写序。

F. 吉伯德　英国著名建筑师和城市规划家，1953 年出版《市镇设计》一书，1983 年有中文译本，程里尧在译者的话中谈及这是一本把城市设计提高到艺术水平去研究的重要著作，是一部西方城市设计具有总结性的著作。书中强调怎么样把城市中各种要素组成适于人居住和工作的美的环境。

埃蒙德·N. 培根　他是伊利尔·沙里宁的弟子，曾经担任美国费城规划委员会行政负责人和总建筑师。1978 年出版《城市设计》一书，从城市历史以及多个层面和角度探索现代城市设计。他的书中还谈及对古代北京城市设计价值的赞誉。

凯文·林奇　美国著名城市设计学者，曾经担任麻省理工学院教授，开设城市设计课程，出版《城市意象》一书，论及城市构成五大要素即道路、边缘、地域、节点和标志。这五个要素也是控制与营造城市点、线、面的另一种表述方式。

芦原义信　日本著名城市设计学者，于 1975 年出版《外部空间设计》，提出积极和消极的空间和空间的加减法等概念，对城市设计影响颇大。

以上这些学者以及他们的理论，均或多或少地涉及城市艺术设计。但只有卡米诺·西特更加明确和直接地探讨城市艺术设计问题。就这一点来讲已十分重要而有意义。城市进入现代化、工业化发展之后，城市发展价值多样化，城市艺术设计价值面临更多挑战，城市“去艺术化”成为一种“噱头”，但我们坚信城市艺术仍然是现代城市规划中不可或缺的基本要求。建立城市艺术设计专项规划概念十分重要。

城市艺术设计历史悠久，西方在古代、近代以及现代均有成就，但也有曲折。其曲折表现在城市艺术设计随时代发展而有所变化，这是城市艺术设计学“软实力”和“软价值”的体现。

第二节　卡米诺·西特和《城市建设艺术》

1889 年，奥地利建筑师卡米诺·西特（1843~1903）出版了著名的《城市建设艺术》一书，针对当时工业化时代城市建设中出现的忽视城市空间艺术性的状况给予明确回应，提出"以确定的艺术方式"形成城市建设艺术的原则。

卡米诺·西特的《城市建设艺术》在世界城市规划史上占有相当重要的地位，学术界常常将他的这本书与现代城市规划和城市设计的发端紧密联系在一起。

西特的《城市建设艺术》开启了现代城市规划和城市设计，为现代城市规划和城市设计奠定了基础。

当时西方国家城市规划处于普遍强调机械与理性、否定中世纪城市艺术成就的思潮之中，西特用大量的实例证明并肯定了中世纪城市在空间组织上的人文与艺术的杰出成就。

西特考察了大量中世纪欧洲城市的广场和街道，总结归纳出适应当时条件的城市建设的艺术原则，提出了一条在城市创造一种具有文化和情感感受环境的美学途径。

他认为城市艺术是自然而然地成长起来的，而不是在图板上设计完了之后再到现实中去实施的。因此，这样的城市空间艺术更符合人的视觉与生理感受。

西特认为在社会发生变革的条件下，很难用简单的艺术规则来解决面临的全部问题。而是要把社会经济因素作为艺术考虑的条件，以此提高城市的空间艺术性。

他强调人的尺度、环境的尺度与人的活动及人们的感受之间的协调，从而建立起城市空间的丰富多彩和人的活动空间的有机互动。通过对城市空间的各种构成要素，如广场、街道、建筑、小品等之间的相互关系，提出设施位置的选择、布置以及与交通、建筑群体布置艺术的宜人关系的基本原则。

因此即使在不同规划形态体系下，仍然可以通过艺术性原则来改进城市空间，体现城市美和艺术精神，并通过实例设计给予说明。

西特关于城市形态的研究，为近现代城市设计思想的发展奠定了重要的基础。

美国著名建筑师伊利尔·沙里宁为《城市建设艺术》美国版的出版做了说明，给予很高评价，近现代大量城市设计著作都引用他的论述。英国建筑师吉伯德设计哈罗新城时，不能不说是受了西特的城市艺术学说的影响。

1990年东南大学出版社出版了由仲德崑翻译的英文版的《城市建设艺术》一书，无疑对我国城市艺术设计的研究做出了重要贡献。

《城市建设艺术》主要内容包括：建筑物、纪念物及公共广场之间的关系；中心空敞的公共广场；公共广场的封闭特征；公共广场的形式与大小；古代公共广场的不规则性；公共广场群；北欧公共广场的布局；现代城市规划的艺术贫乏和平庸无奇的特征；现代体系；城市规划艺术的现代限制因素；改进了的现代体系；城市规划中的艺术原则、结论以及亚瑟·霍尔登的艺术原则在今天的意义等内容。

它的重要价值还在于，它不仅分析不同历史时期城市艺术设计的特点与方法，更重要的是面对当代城市艺术问题，提出与时俱进的方法。

第三节　城市艺术设计与城市美化运动

与城市艺术设计相关的思潮和运动有很多，美国城市美化运动就是其中的代表。

一　城市美化运动

城市美化运动作为一种城市规划和设计思潮，发源于美国，始于1893年美国芝加哥的世博会，一直延续到20世纪30年代，鼎盛时期是19世纪90年代。

“城市美化”作为一个专用词出现于1903年，由专栏作家姆福德·罗宾逊提出，他借着1893年的芝加哥世博会对城市形象的冲击，呼吁城市的美化与形象的改进，并倡导以此来解决当时美国城市工业化带来的城市问题。后来人们将在罗宾逊的倡导下的所有城市改造活动称为“城市美化运动”。

城市美化运动具体包括四个方面的内容。

一是“城市艺术”，即通过增加公共艺术品，包括建筑、灯光、壁画、街道的装饰来美化城市。二是“城市设计”，即将城市作为一个整体，为社会公共目标进行统一的设计，城市设计强调纪念性和整体形象及商业和社会功能，包括户外公共空间的设计，并试图通过户外空间的设计来烘托建筑及整体城市的形象。三是“城市改革”，努力把社会与政治改革相结合，改善社会底层拥挤以及缺乏基本健康设施的区域。四是“城市修葺”，强调通过清洁、粉饰、修补来创造城市之美，包括步行道的修缮、铺地的改进、广场的修建等。

城市美化运动对城市空间和建筑设施进行的美化，是希望创造新的物质空间形象和秩序，恢复由于城市工业化的破坏而失去的美的秩序。在20世纪初，虽然城市美化运动影响广泛，但是争议很大，之后被其他城市规划思潮所替代。

笔者认为城市美化运动本身没有错，人类生活的城市应当是美的，这也是人类生活的基本需求之一。随着对美的认识的多元化，不能将传统的美学思想、形式和方法生硬地用于当代城市，我们应创造属于这个时代特征的城市艺术。客观地讲城市艺术表现有显性与隐性之分，有些完全脱离实用功能的艺术设计体现人类精神层面需要的东西，非但不能减少，更应加强。有的艺术和美学价值需求与实用功能融为一体，构成了共同价值整体。美或美化既是目标也是手段。其实每一次人类进行大规模美与艺术规划和设计运动均留下了不少“遗产”。

二　城市美化运动与芝加哥世界博览会

1893年，为了纪念哥伦布发现美洲大陆400周年，芝加哥举办了哥伦布世界博览会。

博览会由建筑师丹尼尔·伯纳姆和奥姆斯特德规划，来自全国各地的建筑师按照古希腊以来的欧洲古典建筑风格设计了各个展馆，形成被称为“白色城市”的会场景观风貌。

宽阔的林荫大道、广场、巨大的人工水池、华丽的古典主义建筑给人们以视觉上的巨大冲击，与当时美国呆板划一的城市形象形成强烈的对比，博览会会场设计的成功导致城市美化运动席卷美国。

它强调把城市的规整化和形象设计作为改善城市物质环境、提高社会秩序和道德水平的主要途径。它突出规则、几何、古典和唯美主义特征，最终目的是通过创造一种城市物质空间的形象和秩序，来更新和改进社会的秩序，恢复城市中由于工业化而失去的视觉美和生活的和谐。

事实上，在城市美化运动之前的19世纪末，美国城市中已出现采用拱门、喷泉、雕塑来装点城市的“城市艺术运动”。

城市美化运动进而将这种美化环境的愿望推广至整个城市，以市民中心、林荫大道、广场、公共建筑为核心进行宏伟壮丽的城市整体设计。

虽然城市美化运动对当时工业城市的物质环境有一定的改善，但并没有涉及隐含在城市问题背后的社会问题。因此，城市美化运动持续了大约15年后趋于衰落。

三　城市美化运动与华盛顿特区规划

第一个按照城市美化运动原理进行规划的城市是美国首都华盛顿，即麦克米兰规划。

1900 年，美国建筑师协会为庆祝华盛顿建都 100 周年在华盛顿召开年会。会议成立了以密歇根州参议员詹姆斯·麦克米兰命名的麦克米兰规划委员会，即哥伦比亚特区改善委员会。

该委员会要求重新修改 1791 年的朗方规划，并且根据欧洲的规划经验制订了新的华盛顿市规划。该规划由议员詹姆斯·麦克米兰领导，成员包括伯纳姆、奥姆斯特德等，于 1901 年修改完成。新规划在原朗方规划的基础上，代之以密度更大、更建筑化和几何化的城市形态，尤其强调了纪念性轴线的几何与形式化，并增加了公园绿地的面积。

四　城市美化运动与芝加哥城市规划

城市美化运动史上最为全面的规划是 1909 年的芝加哥规划。1893 年哥伦布世界博览会后，城市美化运动的核心人物丹尼尔·伯纳姆在完成了首都华盛顿（1901 年）、旧金山（1905 年）的规划工作之后，1906 年接受芝加哥商业俱乐部的委托，于 1909 年制定了芝加哥规划。

丹尼尔·伯纳姆推崇高雅古典的欧洲古典城市空间和文化生活，他的建筑和规划作品充满了强烈的罗马古典主义和文艺复兴风格。

在芝加哥规划中，丹尼尔·伯纳姆虽然使用了城市美化运动中常见的林荫大道、放射状大道、广场、大型公园、市民中心等典型的形式主义设计手法，但是对商业与工业的布局、交通设施的安排、公园与湖滨地区的设计，甚至对城市人口的增加及芝加哥地区开发的方向等问题都给予了关注，因此这个规划为日后“城市总体规划”奠定了基础。

按照规划，芝加哥市在城区建设了多个大型的城市公园，沿密歇根湖边建成了湖滨公共绿地，虽然芝加哥规划只有一部分被付诸实施，但它的意义体现在树立了一种从全局和长远观点综合看待和规划城市的思想方法，确立了城市规划的地位。

另外，芝加哥规划是最早具有公众参与意识的规划，尽管争议一直伴随着规划的实施，但是城市美化运动还是给芝加哥留下了一笔丰厚的城市遗产。

第四节　城市艺术设计的经典案例

本节选择了几个具有代表性的城市艺术设计经典案例作为城市艺术设计学相关问题思考的基础。通过这些经典案例完全可以说明城市艺术设计的价值。城市艺术是城市规划的必要内容，是人类城市建设的目标之一，这个目标是永恒的。无论古代、近代还是当代，无论城市艺术的呈现方式有多少变化，人类对城市艺术设计的探索是永无止境的。

一　华盛顿

美国首都华盛顿位于美国东部马里兰州和弗吉尼亚州相邻处、波托马克河和阿那考斯蒂河交汇处的北岸高地上。面积 5300 平方公里，其中市区面积 178 平方公里。美国独立战争胜利后，1780 年选定该地建都，并以总统华盛顿的姓氏命名。

美国是以平等、自由、民主为基本国策的国家，在“建国时期”以古典复兴风格作为国家首都规划的设计模式。以此摆脱英国的殖民统治和设计影响以及法国中央集权的帝国风格影响。采用复兴古罗马和古希腊的设计风格，蕴含了民主、平等的意义并具有共和国美德象征，以更加自信的形象展现于国际舞台。

1791 年，华盛顿聘请法国军事工程师 P.C. 朗方对城市进行规划。朗方根据华盛顿地区的地形地貌、风向、方位朝向等条件，选择了这个地势较高和取用水方便的地区作为城市建设用地，并选定琴金斯山高地（高出波托马克河约 30 米）建造国会大厦。

朗方的方案以国会大厦为中心，设计了一条通向波托马克河滨的主轴线；又以国会和白宫两点向四面八方修建放射形道路，通往各个广场、纪念碑、纪念堂等重要公共建筑物，并结合林荫绿地，构成放射形和方格形相结合的道路系统（见图 2-1，图 2-2）。

朗方规划的华盛顿城总体方案，虽经多次修订和补充，但方案的基本原则没有变动。

华盛顿虽然只有 200 年的建城历史，但坚持了尊重传统、保持特色的原则，使该城市在世界各国的首都中保持着自己的特点。

这些特点是：

（1）不发展或不共建重型、大型的工业建设项目，以保证环境的清洁。

（2）保持放射形和方格形相结合的道路网；许多道路交叉点被设计成圆形、方形广

图 2-1　美国华盛顿城市鸟瞰图

通过空间严整有序的轴线布局、重要节点纪念性建筑以及大型开放绿地，构成美国国家形象精神构架，展现城市艺术总体规划控制与营造价值。

图片来源：上海市城市规划设计研究院主编《城市规划资料集》（第五分册），中国建筑工业出版社，2005。

图 2-2　华盛顿中轴线上宏伟的纪念碑与水池景观交相辉映，体现了国家理念与精神的视觉表现力

场，道路宽阔，绿树成荫，景观富于变化。

（3）卓有远见地规定了市中心区周围的建筑物高度，不得超过国会大厦的高度（33.5米）。建筑物同广场、水池保持合理的空间尺度和比例。在市中心的主轴线上，从国会大厦向西经华盛顿纪念塔、倒影地、林肯纪念堂等约3.2公里长的空间范围内，草坪、林荫道及两侧的主要公共建筑群等都经过精心设计。

（4）绿地和公园较多，便于市民活动，并利于净化城市环境。全城绿地面积为31平方公里，平均每人超过40平方米，同世界其他国家的首都相比，绿化程度较高。

朗方在新首都规划中的两项决定基本确立了新首都的总体布局结构。

一是国会大厦和白宫的选址策略，二是采用方格网加上斜交的道路网系统。在此基础上，朗方又进行了其他有特色的景观规划和设计。其中包括一条从国会下面流出的、象征泰伯河的水渠，它形成一道约12米高的瀑布。还有公共的林荫步行道，一些特别的场地雕塑以及试图使周围环境与白宫自然过渡的华盛顿纪念碑。

朗方的新首都规划不仅在布局形式上继续采用欧洲的巴洛克式城市布局，他利用地形，以自然主义特征表现景观设计主题的手法。同时将杰斐逊棋盘式的规划设想与纪念性雕塑、喷泉以及巴洛克式的道路网相结合。这反映出美国官方在城市建设中对古典形式的倾向。

朗方的新首都规划沿袭了巴黎凡尔赛中心轴线的做法，宽阔的林荫道把政府大楼的三个侧翼有机地统一起来。因此朗方的设计宏伟壮丽，沿袭了一些欧洲国家首都的样式，尤其是巴黎的样式。

有趣的是当时很多美国人对新首都规划都抱有浓厚的兴趣，当时任弗吉尼亚州州长的杰斐逊就曾提出了他的首都规划设想，通过棋盘式道路系统贯穿于东西南北各个方向，人行道与林荫道相互连接、贯通等。

受古典城市的经典模式“希波丹姆斯模式”影响，朗方遵循古希腊哲理，探求几何与数的和谐，强调以棋盘式的路网为城市骨架并构筑明确、规整的城市公共中心，以求得城市整体的秩序和美。

首都功能定位明确，以政治象征作为首都设计的出发点，为表现几何形的放射布局以及具有震撼力的空间美，一半以上用地面积为道路和广场，降低居住功能等非政治中心功能需求，其建筑用地不到总用地的1/10。

城市美化运动中，麦克米兰强化了朗方1791年完成的华盛顿规划，进一步完善首都空间秩序和宏伟的城市景观。麦克米兰的规划表现出更为紧凑的视觉效果，细节更细致，视觉上以浪漫主义手法创造出的景观与美国新古典主义风格的城市得到完美的结合。

美国国会在1952年通过了《首都规划法》，又于1954年初和1961年相继进行城市规划，经过对7个方案的比较，1962年正式提出首都地区规划方案（人口规模为500万），该方案以现在的城市为中心，向外伸出6条放射形轴线。沿轴线分散城市的功能和建设项目，布置一批规模不同的卫星城镇或大型居住区。

全市几乎没有什么工厂企业，居民中2/3是公务人员，其他是文化、商业、娱乐及旅游业的从业人员，黑人占总人口的70%。

华盛顿城市艺术设计体现出以下几个特色。

一是具有严格的控高要求。华盛顿全市的建筑物不超过8层，市中心是建立在全城最高点上的国会大厦。

二是丰富有序的城市空间道路体系。城市街道从这里向四周作辐射状展开。东西向的马路以阿拉伯数字命名，南北向的马路以英文字母命名。另有以美国最早的13个州名命名的13条斜形大道，与这些棋盘格式的马路相交叉。

三是具有象征性建筑群艺术。国会正面，有两条斜形大道向西北和西南方向延伸；前者为宾夕法尼亚大街，与白宫相连接。国会南北又分别有独立大道和宪法大道直抵波托马克河畔。这一带是美国首都的核心区，是首脑机关集中地。国会大厦是一幢乳白色的巨大建筑，带有圆顶的中央主楼和东西两翼大楼相连接，为国会参众两院所在地。四年一度的总统就职典礼，就在主楼的平台上举行。国会后面是美国最高法院和国会图书馆（见图2-3）。

林肯纪念堂东南侧有1943年建成的杰斐逊纪念堂，为一圆顶和环形的乳白色建筑，内有6米多高的杰斐逊立像。美国国务院和国防部，分处于波托马克河的东西两岸。国防部大楼呈五角形，故又名“五角大楼”，在波托马克河畔建有肯尼迪中心。作为华盛顿市一部分的乔治城为人们度过周末的活动中心。南北大道间有联邦政府各部、白宫直属单位和其他行政机构以及国家美术陈列馆、自然历史博物馆、美国历史博物馆、弗里尔东方美术馆、工艺博物馆和宇航博物馆等。华盛顿以博物馆饮誉世界，在这些博物馆里有许多珍藏和展品。

四是丰富的公共开放绿地。独立大道和宪法大道之间有宽阔的林荫道，它既是人们散步的好环境，也是华盛顿举行集会的地方。独立大道西段有一片草地，华盛顿纪念碑耸立其上，碑建于1885年，高约169米，全部用花岗岩建成，内部装有898级铁梯和一部电梯，登上碑顶，华盛顿风光尽收眼底。华盛顿纪念碑西侧为宪法公园，内有水池，是一片开阔的林荫和绿地。这片绿地尽头为林肯纪念堂，为一古希腊神殿式的乳白色建筑，四周36根大理石柱，代表林肯1865年被刺时美国的36个州，大厅里端坐着巨大的大理石林肯像（见图2-4）。此外，还有拉斐特公园、宪法公园、西波托马克公园、约翰逊夫人公园、

图 2-3　白宫与城市中轴线以及周围水体和绿地构成一个统一的整体城市景象

图 2-4　庄严的林肯纪念堂

它创造了城市中轴线上的重要节点与视觉高潮。

图 2-5　越战纪念雕塑

雕塑通过一系列纪念景观规划设计与创作塑造了国家形象，体现首都政治中心所具有的象征意义。

雕刻公园、富兰克林公园、东波托马克公园、加菲而德公园等。

五是星罗棋布广场和纪念环境。有托马斯广场、法拉格特广场、麦克弗森广场、华盛顿广场、椭圆形广场、芒特弗农广场、司法部广场、联邦车站广场，以及西奥多・罗斯福纪念碑、越战纪念雕塑（见图 2-5）、华盛顿纪念碑、战争纪念碑、硫磺岛海战纪念碑、林肯纪念堂、琼斯纪念碑、托马斯・杰斐逊纪念堂、肯尼迪墓、海军及海军陆战队纪念碑、阿灵顿国家公墓、五角大楼、和平纪念碑等。

以上这些城市设计的杰作，展现了美国首都华盛顿的城市精神品质。

二　巴黎

1. 巴黎城市艺术设计历程

法国首都巴黎是全国的政治、经济和文化中心，也是重要的交通枢纽、国际交往中心和旅游胜地。

巴黎是有悠久历史和灿烂文化的世界名城。12 世纪以来，巴黎在规划和建设上既十分

图 2-6　在埃菲尔铁塔上鸟瞰城市景观
体现城市艺术总体规划层次的控制价值与意义。它既有城市平面空间结构控制，也有城市建筑高度、色彩控制。预留了充足的公共空间，这是巴黎城市艺术的重要特色。

珍视传统的文化，又积极地适应经济和社会生活发展的需要，保持着城市面貌的统一与和谐（见图 2-6）。

一般以 888 年为巴黎建都之始。到 12 世纪菲利浦·奥古斯都统治时期，在塞纳河上以城岛为中心，跨河两岸建设城市，形成了巴黎市中心的雏形。

巴黎的城市建设在 17~18 世纪波旁王朝统治期间，特别是在路易十四执政时期取得了很大进展。这个时期城市的发展主要集中在塞纳河右岸，建成了香榭丽舍大道等多条干道和一批纪念性建筑物，如卢浮宫东廊、卢森堡宫等；兴建了许多封闭式广场，如公主广场、路易大帝广场（现旺多姆广场）、协和广场等。这些纪念性建筑同主要干道、广场等联系起来，成为一个区的建筑艺术中心。从 18 世纪起，当局就对新建街道宽度和沿街建筑高度做出规定；1724 年规定市区新建道路计划可经国王诏书批准；1783 年又有关于新建街道宽度的规定。不过那时还没有城市的总体规划。

拿破仑一世执政时，建成了星形广场（现戴高乐广场）、雄师凯旋门等。拿破仑三世时代（1852~1870）是巴黎城市规划和建设史上的一个重要时期。这位君主任命乔治－欧仁·奥斯曼来实现他雄心勃勃的城市建设计划。其目的除了改善交通和居住状况、发展商业街道之外，还企图把可供炮队和马队通过的大路修通到城市的各个角落，消除便于起义者进行街垒战的狭窄小巷。这期间主要完成了贯穿全城的“大十字”干道和两条环路，城市有了基本骨架。“大十字”干道的东西向主轴线以卢浮宫为中心，西至星形广场，东至巴士底广场和民族广场；南北向轴线由斯特拉斯堡大街、赛巴斯托波尔大街和圣米歇尔大街构成。两条环路是：内环，在塞纳河右岸，大体沿原路易十三和查理五世时期的城墙遗址，在左岸为圣・日耳曼大街；外环，为拆除 1785 年城墙后建成的大街。同时建成一批新的广场和纪念性建筑（如民族广场、共和广场和卢浮宫北翼等）。主要的纪念性建筑大都布置在广场或街道的对景位置上。以卢浮宫和雄师凯旋门为重点的市中心，将道路、广场、绿地、水面、林荫带和大型纪念建筑物组成完整的统一体，成为当时乃至现今世界上最壮丽的市中心之一。

19 世纪末至 20 世纪上半叶，在巴黎举行的几次世界博览会给城市建筑增添了不少新的内容，如埃菲尔铁塔（1889）、大宫和小宫（1900）、夏洛宫（1937）等。它们的出现，形成了几组新的建筑群，其构图轴线同城市原有建筑群轴线相互交织，形成很多对景和借景，丰富了城市面貌。

第三共和国时期（1870~1940），在 1845 年城墙的位置上建成了最外层环行道。1925~1930 年，最后确定了市区界线，将布洛宫森林公园、绿化带包括在内，面积 105 平方公里。1932~1935 年，制定了半径为 35 公里的大巴黎区整顿规划。但因第二次世界大战爆发，未能实施。

1961 年和 1968 年，市政部门两次调整了巴黎市的管理体制，决定不再扩大市区，而把市区的工业、金融业扩散到大巴黎区。

1965 年制定的《大巴黎区规划和整顿指导方案》中，预计到 2000 年大巴黎区人口为 1400 万。这个规划提出了几项措施：

（1）在更大范围内考虑工业和城市的分布，以防止工业和人口继续向巴黎集中。

（2）改变原有聚焦式向心发展的城市平面结构，城市将沿塞纳河向下游方向发展，形成带形城市。在市区南北两边 20 公里范围内建设一批新城，沿塞纳河两岸组成两条轴线，现已基本建成的有埃夫利、塞尔杰・蓬图瓦兹等五座新城。

（3）改变单中心城市格局，在近郊发展拉德芳斯、克雷泰、凡尔赛等 9 个副中心。每个副中心有各种类型的公共建筑和住宅，以减轻原市中心负担。

（4）保护和发展现有农业和森林用地，在城市周围建立 5 个自然生态平衡区。

20 世纪 60 年代末至 70 年代初，市区内主要改建了 5 个区，在其中接近市区边缘的弗隆・德・塞纳区和意大利－戈贝兰区建了一些高层建筑。1969 年以后，又在市中心进行了一些改建尝试，如整顿马海区，重新进行圣·马丹运河区和中央商场区的规划设计，建设蓬皮杜艺术和文化中心等。城市外围部分，除完成高速环行公路（1961~1972）外，20 世纪 70 年代起，开始在香榭丽舍大道主轴延长线上建设新的城市副中心——拉德芳斯。

1977年3月，通过了巴黎市区的整顿和建设方针，根据老市区和市区边缘的不同情况，分别进行规划控制：

（1）在相当于 18 世纪时巴黎的老市区范围内，主要是保护历史面貌，发展步行交通。

（2）在 19 世纪形成的范围内，主要加强它的居住区功能，保护 19 世纪形成的统一和谐的城市空间面貌。

（3）市区边缘，主要发挥它的居住区功能，加强区级中心，发展商业活动。市区现分为 20 个区。高级住宅和商业区主要集中在塞纳河右岸西部，东部为一般住宅区。城岛除巴黎圣母院外，主要为行政建筑，政府机关大都位于左岸西部，东部（原拉丁区）是学校等文化教育机构集中的地方。市内绿地很多。除两个森林公园外，还有若干中小公园及其他绿地，全市人均绿地面积 10.16 平方米。地下铁道线路全长约 280 公里。

2. 巴黎城市艺术设计及标志特征分析

（1）古代巴黎城市艺术设计的地标——凯旋门

坐落在法国巴黎市中心戴高乐广场中央的凯旋门（见图 2-7），是为纪念拿破仑一世

图 2-7　凯旋门

凯旋门是巴黎古代城市艺术的标志，其宏伟尺度和精美雕塑极具震撼力，它厚重而通透，让各个城市节点产生良好的连续性，使城市空间艺术价值得以完美展现。

1806 年 2 月在奥斯特尔里茨战役中打败了奥俄联军而建的。1806 年 8 月，按照法国建筑大师夏尔格兰的设计方案奠基建造，中间几经波折，时建时停，直到 1836 年 7 月 29 日才举行落成典礼。凯旋门高 49.54 米、宽 44.82 米、厚 22.21 米，是一巨大方形建筑，从四面观看均为方形，而且每面都有拱门。正面的拱门高 36.6 米、宽 14.6 米。凯旋门全部以石料砌成，呈乳黄色。建筑师夏尔格兰是仿照罗马的君士坦丁凯旋门设计的，但规模大了一倍多。巴黎戴高乐广场的凯旋门是世界最著名的凯旋门。

这座凯旋门的前后左右、门内门外都布满栩栩如生的浮雕，浮雕以法国革命和拿破仑时期的历次战役为主题。凯旋门上的四幅巨型雕塑为:《马赛曲》《1810 年的胜利》《和平》《抵抗》。其中,《马赛曲》为 19 世纪法国浪漫主义雕塑家吕德的传世杰作。这座浮雕分上下两部分，上部是一个展翅飞翔的自由女神，她披挂铠甲，右手执剑，左手高举着号召人民前进；下部是一群手持刀剑的人们，簇拥在女神周围，个个洋溢着战斗的激情，有挥动帽子向女神致意的高卢人，有紧握剑柄的孩子，有奋力前进的老兵，有正在拉弓射箭的弓弩手，有吹着号角的号手……《马赛曲》原名《莱茵军战歌》，1792 年为保卫初生的共和国而走上战场的勇士们就是高唱这首战歌出征的。后来《马赛曲》被定为法国国歌。吕德借用这一曲名作为浮雕的题名，就是要表现出法国军民抗击外来侵略的英雄气概。

在凯旋门拱门内侧墙壁上，刻有法国历史上百余次重大战役的名称和为法国立下军功的数百名将军的名字。在凯旋门下，有建于 1920 年的无名烈士墓，里面埋葬着在第一次世界大战中牺牲的无名战士。刻在地上的铭文为：“为祖国牺牲的法兰西战士在此长眠。”墓前点着长明灯，经常有人献上象征法国国旗的红、白、蓝三色鲜花。

游人可以沿着一条螺旋形楼梯登上凯旋门，也可以乘坐电梯。凯旋门顶部是一个博物馆，馆内陈列着有关凯旋门的历史图片和资料。站在凯旋门最高处于台上远眺四方，周围景色尽收眼底。

凯旋门是法国人民胜利的象征。每年法国国庆阅兵式及其他盛大的国家庆典都在这里举行，来访的各国元首也来这里凭吊无名烈士墓。凯旋门以宏伟的气势和精美的雕刻艺术吸引着成千上万的各国旅游者。

（2）近代巴黎城市艺术设计标志——埃菲尔铁塔

埃菲尔铁塔矗立在法国巴黎市中心塞纳河右岸的战神广场上，是巴黎的最高建筑物和游览中心。

1889 年，法国大革命胜利 100 周年，巴黎举办大型世界博览会以示庆祝，世博会上最引人注目的展品便是埃菲尔铁塔，它成为工业革命的象征。埃菲尔铁塔的设计者是法国建筑师居斯塔夫·埃菲尔。他一生杰作累累，遍布世界，但使他名扬四海的还是这座以他名字命名的铁塔。

1887 年 1 月，埃菲尔铁塔正式动工，1889 年 3 月，这座钢铁结构的高塔竣工。铁塔的金属制件有 1.8 万多个，重达 7000 吨，施工时共钻孔 700 万个，使用铆钉 250 万个。由于铁塔上的每个部件事先都严格编号，所以装配时没出一点差错。施工完全依照设计进行，中途没有进行任何改动。据统计，仅铁塔的设计草图就有 5300 多张，其中包括 1700 张全图。建成后的埃菲尔铁塔占地面积 16700 平方米，四座塔墩为水泥浇灌，构成边长为 129 米多的正方形。塔身全是钢架镂空结构，塔高 300 余米，从一侧望去呈“A”字形，塔尖直指苍穹。如今，铁塔上增设了广播和电视天线，塔的总高已达 320 米。站在塔上，整个巴黎都在脚下。

埃菲尔铁塔共有上、中、下三个瞭望台，可同时容纳 1 万人。最高层瞭望台离地面 274 米，面积为 350 平方米，四周摆满图片，介绍各个方向的景物，甚至指明同一方向上世界重要城市的名称。这层瞭望台上有个埃菲尔展览室，里面有埃菲尔与发明家爱迪生两个人的蜡像，他们正在亲切交谈，神态逼真。说明词写着：“1889 年 9 月 10 日爱迪生到此访问了埃菲尔。”

中层瞭望台离地面 115 米，向外望去，白色的蒙马特圣心教堂、绿色的巴黎歌剧院屋顶、淡黄色的凯旋门城楼都清晰可见。这一层的面积为 1400 平方米，小卖部和一家装潢考究的“巴黎全景餐厅”，餐厅内的装饰和餐具都是昏暗的颜色，以便使顾客能聚精会神地欣赏外面的风光。这里的座位需要提前预订，终年顾客盈门。

最下层瞭望台面积最大，有 4200 平方米，距离地面近 57 米，在这里可以看到前面的夏洛宫及其水花飞溅的喷水池、从塔下流过的塞纳河水、背后战神公园的大草坪等。这一层左侧有一个电影厅，放映关于铁塔历史的纪录片。正面是一栋分为上下两层的建筑，是两个大众化的餐厅。右侧是“居斯塔夫·埃菲尔大厅”，可供文艺演出、宴会、会议之用。

埃菲尔铁塔是近代建筑工程史上的一个伟大创举，它是巴黎和法国的象征。

（3）现代巴黎城市艺术设计标志——德芳斯门

德芳斯大拱门位于巴黎的东西向轴线上。巴黎西北部，塞纳河畔，距凯旋门 5 公里，与卢浮宫、星形广场（现名戴高乐广场）在同一条东西轴线上。这条轴线东起卢浮宫，向西经杜伊勒公园、协和广场和香榭丽舍大道，经过凯旋门而达德芳斯区。

1932 年，塞纳省省会曾举办过一次对历史上形成的东西主轴线和星形广场到德芳斯一带的道路进行整治美化的“设想竞赛”。在 1958 年成立了“德芳斯公共规划机构”，提

图 2-8 德芳斯大门
巴黎城市现代艺术的标志，它单纯与简洁的造型使人印象深刻，成为巴黎城市现代艺术与时尚的“代言”。它与凯旋门历史对话，展现法国巴黎城市艺术尊重历史与创新的统一。

出要把德芳斯建设成工作、居住和游乐等设施齐全的现代化的商务区，以作为 2000 年巴黎的“橱窗”。1963 年通过了第一个总体规划，包括东部事务区和西部公园区，规划用地 760 公顷。1962~1965 年制订的《大巴黎区规划和整顿指导方案》中，德芳斯区被定为巴黎市中心周围的九个副中心之一，20 世纪 80 年代初已经基本建成。

德芳斯区规划注意利用城市空间，通过开辟多平面的交通系统，严格实行人车分流的原则：车辆全部在地下三层的交通道行驶，地面全作步行交通之用。

在区的中心部位建造了一个巨大的人工平台，长 600 米、宽 70 米，有步行道、花园和人工湖等，不仅满足了步行交通的需要，而且提供了休息娱乐的空间。

在德芳斯区，每座建筑的体型、高度和色彩都不相同。有高 190 米的摩天办公楼，有跨度 218 米的拱形建筑，外墙装饰各式各样，景观丰富多彩。

设计竞赛收到 480 个方案，从中选定由丹麦皇家建筑学院院长、建筑师奥托·翁·斯宾克尔森设计的方案。这是一个巨大的中空立方体，其中空部分可以容纳一座巴黎圣母院大教堂。人们将之誉为“现代人类文明与进步的凯旋门”“法兰西面对世界未来的窗口”，其最出色的是如同埃菲尔铁塔一样代表着同时代一流的工程技术水平。

建筑总重量达 33 万吨，由 12 个墩基支承，每个墩基的承重量即相当于 4 个埃菲尔铁塔的重量。

主要建筑为办公空间，顶部为国际会议中心。工程总造价约 35 亿法郎。总建筑面积为 12 万平方米。

德芳斯建设始终存在争议，有人认为德芳斯区大量的高层建筑和大面积钢筋混凝土平台造价贵，能耗大；大平台上的人行广场绿化设施等使用率不高，没有发挥预期的作用；高大的建筑群会破坏巴黎古城的传统风貌和自然景色。

但同时也有人对德芳斯给予高度评价和期待，认为德芳新的规划建设在技术上有较高的水平，并有所创新，在一定程度上缓解了巴黎市中心区的拥塞状况；认为它将会同埃菲尔铁塔一样，经得起时间的考验，终将为人们所喜爱。

3. 未来巴黎城市艺术设计探索

许多国家相继开展了对未来城市发展（形式、功能、材料、环境、技术手段等）以及未来城市空间形式，人类未来生存空间的生理生态环境、艺术等方面建设的预测工作。许多建筑师、城市规划师、艺术家、社会学家、经济学家等更是立足于社会本体，借助于各种先进的科技手段，运用各种新的理论对人类未来生存空间的形式和发展进行了深入探讨。许多有关的设想和构思已经成为国家和城市制订未来的治理计划、城市规划等的重要理论依据和参考数据。巴黎自然也不例外。作为一座举世闻名的国际大都市、世界文化艺术中心，这方面的研究工作是十分活跃和前卫的。

巴黎市政府历来对城市未来的发展极为重视和关心，并为此组织过多次设计竞赛、学术研讨会和设计作品展览会等活动。巴黎市政府同时收集保存了从 19 世纪中叶直到现在 100 多年间，各国建筑学师、规划师就巴黎城市空间设计及建设所做的各种构思和方案。在这些方案中，我们不难发现构思具有很高的想象力和预见性，为巴黎城市发展提出了真知灼见，对未来巴黎城市的描绘令人浮想联翩，惊叹不已。

巴黎对未来城市建设发展的构思方案大都充满着浪漫主义的色彩，并没有得到实际的运用，但巴黎市政府在迎接 21 世纪到来的盛大庆典活动中，正式宣布兴建几个未来型的工程，“地球塔”就是其中一项具有代表性的工程。

“地球塔”设计高度为 200 米，为钢木结构。这是由三位巴黎建筑师让・玛丽・埃南、尼古拉 - 诺尔米耶、达尼埃尔・勒列夫尔合作设计的。他们都是富有艺术才华和浪漫气质的建筑师。塞维利亚世界博览会的欧洲厅就是他们设计的。这座塔采用木质材料的目的在于提醒人们合理使用木材，保护自然森林资源。

“地球塔”塔座直径18米，由8根圆柱体支撑。该塔离地面80米到100米处，是4层空中楼阁，为登高远望的旅游观光者提供观赏、餐饮、休息等服务，同时还提供展览和会议空间。再往上是5扇菱形金属网状结构组成的“花瓣”向上空伸展开来，其造型宛如一朵盛开的鲜花。该塔建在巴黎的东部，与城市西部的埃菲尔铁塔遥相呼应。巴黎市政府还计划利用“地球塔”未来经营中获得的利润，设立“地球科学奖”，以奖励那些在保护森林和大地资源方面做出贡献的人。

巴黎城市艺术也呈现“三系一体”的特征，其表现是

① 重视城市历史美的保护，保护良好的城市艺术资源。

② 重视城市生态美的发展，营造良好的城市生态美的艺术载体。

③ 重视城市创新美的引领，创造良好的城市创新美的艺术空间。巴黎在不同时期都在引领创新，在历史景观中勇于置入“新的”“异类”的艺术作品，形成有“争议”的城市艺术文化。在历史气息浓郁的环境中仍然流露出当代时尚生活的痕迹。

三　巴西利亚

巴西首都巴西利亚是一座新城，为了改变巴西城市过分集中在沿海的状况，以及开发内地不发达区域，1956年，巴西政府决定在戈亚斯州海拔1100米的高原上建设新都，定名为巴西利亚。

同年，通过竞赛选取了巴西建筑师L.科斯塔设计的新首都规划方案，规划人口50万，规划用地152平方公里。

1957年开始建设，由巴西建筑师O.尼迈耶担任总建筑师。到1960年，建设初具规模，正式从里约热内卢迁都新址。

巴西利亚规划颇具特色，城市布局构架由东西向和南北向两条功能迥异的轴线相交构成，平面形状犹如飞机机翼。

东西向的主轴线长6公里，东段布置巴西中央政府各部办公楼，严整地排列在大道两侧。巴西中央政府位于三权广场，广场平面基本呈三角形，议会大厦、最高法院和总统府鼎足而立；在布局构图上、建筑空间上都是视线集中的地方。主轴线西段主要是市政机关，西端是城市的铁路客运站。

南北向轴线呈弧形的翼状，两翼各长5公里多，有一条主干道贯穿其间，与公路连接。主干道两旁布置着长方形的居住街区。每一街区内有高层、多层的公寓以及商店等设施，

布置形式基本统一。城市两条主轴线的交汇处，有一座四层的大平台，在不同层次上形成立体交叉道口，以疏导各个方向的交通。

在这里设立全市的商业中心、文化娱乐中心，公共客运也大多在这里转站换乘。西有体育场，东西轴线的南北两片地段分设动物园和植物园。

城市的北、东、南三面有人工湖围绕，人工湖附近散布着若干片独户住宅区。城市有少数小型工厂，分布在火车站的一侧。

巴西利亚的规划设计构思新颖，反映了现代城市规划研究的一些成果。广场建筑群特别是矗立在三权广场上的主要的政府机构建筑，具有挺拔、开阔的气魄。

这个宏伟首都规划引起了不少争议，有人认为它过分追求形式，对经济、文化和历史传统考虑不足。

鲜明独特的首都现代城市形象，体现在三权广场上，它建于1958~1960年，设计者是巴西建筑师尼迈耶。大厦由两院会议厅和办公楼组成，前者为一长240米、宽80米的扁平体，上面并置一仰一覆的两个碗状形体，仰的是众议院会议厅，覆的是参议院会议厅。会议厅的后面是高27层的办公楼。为了加强垂直感，办公楼设计成并行的两条，平面和正立面都呈H形。整幢大厦水平、垂直的体形对比强烈，而用一仰一覆两个半球体调和、对比，丰富了建筑轮廓，形成较强的象征性符号。

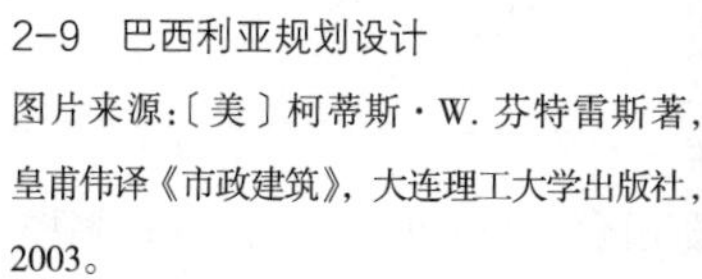

2-9　巴西利亚规划设计

图片来源:〔美〕柯蒂斯·W. 芬特雷斯著，皇甫伟译《市政建筑》，大连理工大学出版社，2003。

第三章
城市艺术设计的控制与营造

城市艺术规划、设计与创作无论在哪一个层次和阶段均有控制与营造的功能和价值。它们既是手段也是目标。城市艺术规划侧重于控制，而城市艺术设计与创作侧重营造。

城市艺术设计的控制与营造在城市规划设计的层次、方法、目标及能力上有很大差异。控制通过城市的相关定性与定量规划实现目标，而营造通过形象化创作实现城市表现力和感染力，如城市公共空间，纪念景观以及体现城市特色与个性的东西。

一　城市艺术设计的控制与营造

控制是理性的、技术的，营造是感性的、艺术的。城市既需要理性的、技术的规划控制，也需要感性的、艺术的营造。前者易而后者难。因为前者可以直接借鉴，而后者不可以直接借鉴。控制的共性东西多而营造的个性东西多。所以我们认为城市艺术设计需要控制力与营造力的双驱动力。如果没有城市控制结构与秩序，城市杂乱无章，一盘散沙，城市功能与效力难以发挥作用与效能。如果没有城市营造精神与形象，城市会毫无生气与感染力，变得不动人、没有吸引力。

城市艺术设计是通过控制与营造的方法体现的，它贯穿城市规划的各个层面。城市艺术设计与城市总体规划层面、城市分区规划层面、城市控制性详细规划层面、城市设计层面以及修建性详细规划层面均有衔接。

我们在进行城市规划中设立不同目标，采用定性和定量指标系统控制城市，作为规划技术手段无可厚非，但是城市规划中不仅要通过指标系统控制，还有大量非指标性的内容，需要设计和引导，这些非指标性的内容是什么？笔者曾经访问巴黎城市规划机构，提出的第一个问题就是，巴黎的城市控制什么？不控制什么？控制的依据是什么？不控制的依据是什么？涉及城市营造问题以及审美评价差异如何处理，是什么机制？我们的城市规划也应该思考城市规划控制什么，哪些是非控制的，哪些是属于城市营造和创作的。

城市规划设计需要这两个基本概念，控制与营造二者紧密联系又有区分，因为在目标一致性的前提下，它们呈现的方向、内容、层次是有很大区别的，所需要的能力、方式也不同。可以说近几十年城市建设中有城市规划控制，而缺失城市营造。为什么这么讲，因为城市特色消失，已成为大家一致的诟病。城市“有形而无神”的规划设计已走到尽头。

目前我们的城市规划控制，通过总体规划、分区规划、控制性详细规划和修建性详细规划四个阶段进行。

通过研究城市性质、职能、规模、发展目标和设定相关指标，完成城市规划与设计。在这四个城市规划设计环节之中，应该有一个城市艺术设计的概念，它是一个局部环境综合性的设计。城市规划中本来应具有城市环境营造与形象创作的内容，但由于规划学科人才的局限，城市营造、城市精神和艺术内容往往边缘化、虚空化，难以体现和落实。这就导致城市人文艺术品质低劣，充斥着城市实用化和现实化的物质规划结果比比皆是，而且不断更新，最终却只能作为“废弃物”被更替，难以留存传世。

在城市总体规划、分区规划、控制性详细规划和修建性详细规划以及城市设计中，由于城市艺术设计与创作内容缺位，城市艺术的价值和作用很难发挥与体现，甚至被曲解。

所以，本书力图强调和强化城市艺术设计在城市建设中的作用，强化城市艺术设计与总体规划的关系、与控制性详细规划的关系、与城市设计的关系。

关于城市控制易和营造难，深圳就是一个典型例子。它是一个工作和生活便利的城市，但是城市个性与特色仍然不够明显。一个城市不仅需要实用功能层面的规划与设计，更需要精神层面与人文艺术层面的规划与设计。而在城市最初规划时就确立城市艺术设计的地位与价值尤为重要，必须通过城市艺术设计增加城市附加值。

二　控制

城市规划的控制是规划的主要工具与内容，通过总体规划、分区规划以及控制性详细规划来实现，它是城市构成的骨架与基础。控制通过定性和定量的各种指标规范城市形态。主要体现在城市功能层面，也有部分涉及城市艺术设计。控制方法和效能在城市总体规划和控制性详细规划中表现得十分充分。

三　营造

城市设计的营造是城市艺术设计最富有创造力与感染力的内容，城市不仅需要强有力的骨架系统，也需要强有力的肌肉和优美的皮肤，这些城市肌肉与皮肤蕴含着丰富的表现力，可以强悍、庄严、雄伟，也可以婀娜多姿、似水柔情。城市营造创造城市的个性与特色，为城市添加活力。营造在城市设计和修建性规划中体现得比较充分。

我们目前的城市规划设计中只是抽象地谈及城市文化或艺术规划，并未充分地认识到城市艺术的作用与价值。城市规划设计停留在物质规划层面，而城市艺术设计没有成为法定内容。

我们应当思考如何建立城市规划控制与非控制机制和系统，城市形象和城市艺术感染力以及高附加值如何实现？这正是城市艺术设计所承担的责任。

第四章
城市艺术设计与城市规划

本章探讨的是城市艺术设计与城市规划的关系，城市规划归纳起来有两大类型，即城市总体规划和控制性详细规划。根据城市规划的类型、层次和方法，可细分为：城市总体规划、城市分区规划、城市控制性详细规划、城市修建性详细规划以及城市设计等。明确城市规划的类型、层次和方法是进行城市艺术设计的关键，是城市艺术设计的基础。

城市艺术设计是从艺术和审美价值的角度进行城市规划、设计与创作的方法。它必须与城市规划的各个类型、层次与方法衔接和融合。在融合中以进行城市艺术设计专项目标为主体，进行专项规划设计和创作，通过控制与营造实现规划设计与创作目标。

第一节　城市艺术设计与城市总体规划

城市总体规划是一个战略性规划，城市艺术设计应与总体规划层面进行衔接。一是融入城市总体规划，成为城市总体规划的一个部分，这有利于提高城市总体规划的质量和完整性，体现城市艺术设计的战略意义与价值。二是可以促进城市艺术设计的发展，使城市艺术设计有了规划内容的支撑。

一　总体规划的作用与特点

城市总体规划是城市各项发展建设的综合布置方案，是城市规划编制工作的第一阶段，也是城市建设和管理的重要依据。

《中国大百科全书·建筑、园林、城市规划卷》中提出："城市总体规划是城市各项发展建设的综合布置方案。"

总体规划是对一定时期内城市性质、发展目标、发展规模、土地利用、空间布局及各项建设的综合部署和实施措施。由此可以认为城市总体规划是城市规划工作体系中的高层次规划，是城市规划综合性、整体性、政策性和法制性的集中体现。

城市总体规划是依据社会发展规划以及自然环境、资源条件、历史情况、现状特点等所做的统筹部署，是为确定城市的规模和发展方向、实现城市的经济和社会发展目标、合理利用城市土地、协调城市空间布局等所做的一定期限内的综合性规划。

总体规划根据国家对城市发展和建设方针、经济技术政策、经济和社会发展的长远规划，在区域规划和合理组织区城城镇体系的基础上，按城市自身建设条件和现状特点，合理制定城市经济和社会发展目标，确定城市的性质、规模和建设标准，安排城市用地的功能分区，以及各项建设的总体布局，布置城市道路和交通运输系统，选定定额指标，制定规划实施步骤和措施。

总体规划期限一般为 20 年。建设规划一般为 5 年，建设规划是总体规划的组成部分，是实施总体规划的阶段性规划。

城市总体规划是一项综合性很强的科学工作，总体规划的内容主要包括以下几个方面：

确定城市性质和发展方向，预测城市人口发展规模，确定城市总体规划的各项技术经济指标；

确定城市用地，确定规划范围，划分城市用地功能分区，综合安排各类用地；

布置城市道路、交通运输系统等主要交通运输枢纽的位置；

大型公共建筑的规划与布点；

确定城市主要广场位置以及主要控制点的坐标及标高；

旧城区的改造规划；

给水、排水、防洪、供电等以及各类型专项工程规划；

制定城市园林绿化规划；

综合布置郊区以及大中城市有关卫星城镇的发展规划；

近期建设规划范围和主要工程项目确定及估算建设投资。

总体规划既关注现实问题，又要具有前瞻性。随着城市的发展与变化，需要不断修改和补充，所以它是一项长期性和经常性的工作。

二　总体规划是战略性规划

城市发展战略是指“对城市经济社会、环境的发展所做的全局性、长远性和纲领性的谋划”。其核心是要解决一定时期内的城市发展目标和实现这一目标的途径，一般包括战略目标、战略重点、战略措施等内容。

从本质上说城市总体规划就是对城市发展的战略安排，是战略性的发展规划。

总体规划工作是以空间部署为核心制定城市发展战略的过程，是推动整个城市发展战略目标实现的组成部分。

2004 年，北京进行了城市总体规划修编工作，修编期间完成了《北京城市艺术设计发展战略》研究专项规划，就是一个配合城市总体规划的专项发展战略规划。

该专项规划研究是对未来一二十年北京城市艺术设计发展战略发展的目标与要求，提出北京城市艺术设计发展的“三系一体”概念，围绕这一战略目标的实现需要北京城市规划在物质空间上针对功能开发要求相应做出全局性的、长期性的安排。

三　总体规划与相关规划的关系

1. 总体规划与区域规划的关系

区域规划和城市总体规划的关系十分密切，两者都是在明确长远发展方向和目标的基础上对特定地域的发展进行的综合部署。但在地域范围、规划内容的重点与深度方面有所不同。

区域规划是城市总体规划的重要依据。一个城市总是和它对应的一定区域范围相联系，反之一定的区域范围内必然有其相应的地域中心城市。

城市规划必须从区域性的经济建设发展总体规划着眼，否则就城市论城市难以把握城市的基本发展方向、性质、规模以及布局结构形态。

区域规划应与总体规划相互配合、协同进行。从区域的角度确定产业布局、基础设施和人口布局等总体框架。

2. 总体规划与经济和社会发展规划的关系

我国国民经济和社会发展规划是国家和地方从宏观层面指导和调控社会经济发展的综

合性规划。

国民经济和社会发展规划是制定城市总体规划的依据，是编制和调整总体规划的指导性文件。国民经济和社会发展规划注重城市中长期宏观目标和政策的研究与制定，总体规划强调规划期内的空间部署，两者相辅相成，共同指导城市发展。

3. 城市总体规划与城市艺术规划的关系

城市艺术总体规划是在一定区域内根据国家社会经济可持续发展的要求和当地自然、经济、社会条件，对城市空间的开发、利用、治理和保护在空间上、时间上所做的总体安排和布局，是国家城市文化艺术资源管理与控制的基础。城市艺术设计规划，是城市发展中的一个重要内容，它可以提升城市环境品质与价值，增加城市吸引力，创造城市高附加值，提升城市“软实力”，增加城市文化认同感，为创造持续的文化吸引力和活力奠定基础。

四　城市规划的战略性意义

城市是一个开放的复杂的巨系统，总体规划工作的开展必须研究城市和区域发展的背景以及城市的社会、经济发展，以城市全面发展为目标，对在一定时期内城市发展的城市性质、城市规模和城市空间结构做出分析与预测，并提出相应的引导调控策略和手段。

城市发展战略的核心是要解决某一时期城市发展的目标以及实现目标的途径。城市发展战略包括确定战略目标、战略重点、战略措施等。

1. 确定战略规划目标

战略目标是发展战略的核心，是在城市发展战略和城市规划中的应选方向和预期指标。战略目标可分为多个层面，包括总体目标以及多个领域的目标。明确的城市发展方向和总体目标，一般采用定性的描述。值得注意的是，多个领域中也应包括城市艺术设计专项，但目前在法定层面仍然缺位。

战略目标的实施需要对发展方向提出具体发展指标的定量规定。这些指标包括：经济发展指标，如经济总量、效益和结构指标等；社会发展指标，如人口总量和构成指标，居民物质和精神生活水平指标等；城市建设指标，如建设规模、结构、基础设施以及环境质量指标等。

城市发展战略目标的确定，既要针对现实中的发展问题，也要以目标为导向，对核心问题的把握与宏观趋势判断至关重要，因此，开展城市发展战略研究是保证其科学合理的前提。

2. 确定战略规划重点

战略规划重点是指对城市发展具有全局性或关键性意义的问题，为了要达到战略目标，必须明确战略重点。城市发展的战略规划重点所涉及的是影响城市长期发展和事关全局的关键部门和地区的问题。战略重点通常表现在以下方面：

一是城市竞争中的优势领域。将优势作为战略重点，不断提升核心竞争优势，争取主动，不断创新和发展。

二是城市发展中的基础性建设。科技、能源、教育和交通经常被列为城市发展的重点，它是推动社会经济发展的根本动力。

三是城市发展中的薄弱或缺失环节。城市是由不同的系统构成的一个整体，如果某系统或某环节出现短板和缺位将影响整个战略的实施，所以这样的系统或环节也应成为战略重点。

四是城市空间结构和拓展方向。城市空间增长的过程反映了社会经济发展的需求，诸如城市发展的方向、空间布局结构以及在时序关系上都会因不同阶段城市发展的需求而改变。城市艺术设计专项规划就是处于缺位或薄弱状态的。

北京就是一个很好的案例，可以将北京城市艺术设计专项规划作为未来规划的重点，它是一个具有优势地位的发展领域和方向。首都北京作为政治中心和文化中心，城市艺术设计历史资源丰富，创新资源占优，具有巨大潜力。

北京城市艺术设计的意义体现在：竞争中具有优势地位；作为一个基础性资源，具有规划潜力；在城市总体规划系统与要素表现中不仅薄弱，甚至处于缺位状态，第一需要补位，第二要加强，第三要作为规划重点加以强化；可以作为城市空间结构调整与拓展要素。

3. 确定战略规划措施

战略措施是实现战略目标的步骤和途径，是把比较抽象的战略目标、重点加以具体化、使之可操作的过程。

城市发展战略的制定必须具有前瞻性、针对性和综合性。既要有宏观的视角，也必须有微观的可操作性。

五　城市的职能、性质与规模

1. 城市职能

它是指城市在一定地域内的经济、社会发展中所发挥的作用和承担的分工。确定城市职能和城市性质是发挥城市在区域中作用的重要前提，它决定了城市最基本的特征和总的发展方向。《雅典宪章》提出城市具有居住、工作、游憩、交通四大功能和基本需求。

城市的职能一般可以根据以下的城市职能构成来考虑：

特殊职能与一般职能。特殊职能是指城市特有的，不为每个城市所共有的职能，如首都北京的政治中心、文化中心职能。特殊职能一般较能体现城市性质。一般职能则是指每个城市都必须具备的功能。

还有基本职能与非基本职能，主要职能与辅助职能等。它们相互交织，构成了城市职能的整体。

城市职能分类研究是为确定城市性质而进行的。总体规划的城市职能划分主要有以各级行政中心职能划分的，有以经济职能划分的，以及其他特殊职能划分的。

2. 城市性质

《中国大百科全书·建筑、园林、城市规划卷》中提出：城市性质“指某一个城市在国家政治、经济、社会发展中所处的地位和所起的主要作用”。“国家有关国土和城市发展的战略方针、国民经济和社会发展长远规划、区域规划以及城市所在地区的自然条件、历史情况、现状特点和建设方针等，是确定城市性质的主要因素。”

城市性质代表了城市的个性、特点和发展方向。城市性质是由城市形成与发展的主导基础因素决定的，它是由该因素组成的基本部门的职能所体现的。总之，城市性质是城市建设的总纲，确定城市性质是总体规划的首要内容。

不同的城市性质实际上决定着不同城市的特征和工作重点，是指导城市建设发展的方向和用地构成的重要依据。

城市性质是决定一系列技术经济措施及其相应的技术经济指标的前提和依据，有利于合理选定城市建设项目，突出规划结构的特点，为规划方案提供可靠的技术经济依据。

确定城市性质是综合分析城市的主导因素和特点，明确城市的主要职能，指出其发展方向。确定城市性质既要根据城市本身的发展条件和需要，也要根据国家的宏观区域政策和上一层次的区域规划要求，确定城市在国家或区域中的独特作用，根据国民经济合理布局及区域城市职能的合理分工来分析确定城市性质，使城市性质与区域发展条件相适应。

3. 城市规模

它是指以城市人口总量和城市用地总量所表示的城市的大小，包括人口规模和用地规模两个方面。城市规模是科学编制城市规划的前提和基础，是合理配置资源、提供公共服务、协调各种利益关系、制定公共政策的重要依据。城市性质影响城市建设的发展方向和用地构成，而城市规模则决定城市的用地及布局形态。

城市建设用地规模与人均建设用地指标的选取：人均城市建设用地指标是指城市规划区各项城市用地总面积与城市人口的比值，单位为 m^2/ 人，是衡量城市用地合理性、经济性的一个重要指标。尽管影响城市用地规模的因素较多，但人均城市用地指标有一定幅度范围。

六　城市功能与结构形态

城市的活力和发展动力取决于城市功能。《雅典宪章》明确指出城市的四大功能和基本需求是居住、工作、游憩和交通。城市功能和基本需求的发展体现了社会不断发展进步的过程，也是城市发展的重要特征。

城市的功能是主导的、本质的，是城市发展的动力因素。城市结构形态是城市功能活动的内在联系，是社会经济结构在土地使用上的投影，反映构成城市经济、社会、环境发展的主要要素。城市功能与结构形态是紧密相关的。城市功能的变化是结构变化的先导，决定结构形态的变化。

七　总体规划的编制

1. 总体规划编制内容的要求

总体规划包括城市总体规划和城镇总体规划。城市总体规划包括市域城镇体系规划和中心城区规划。不同城市根据需要可以在总体规划的基础上组织编制分区规划，在总体规划的基础上还应单独编制近期建设规划。城市总体规划的期限一般为 20 年，应对城市远景发展的空间布局提出设想。确定城市总体规划应当符合国家有关政策的要求。总体规划编制应体现一些基本原则，如引导发展、体现特色、合理布局、节约资源、环境友好的原则。对涉及遗产保护、公共安全和公众利益等领域应确定为必须严格执行的强制性内容。编制城市总体规划应先组织编制总体规划纲要，研究确定总体规划中的重大问题作为编制规划成果的依据。城市总体规划的成果应包括规划文本、图纸及附件（规划说明、研究报告和基础资料等）。在规划文本中应明确表述规划的强制性内容。

2. 总体规划编制的依据

编制城市总体规划应遵循国家法规和政策的要求，充分考虑上位规划以及全国城镇体系规划的要求，从区域发展的角度研究城市定位和发展战略。总体规划是对上层次城镇体系规划的具体落实和深化，同时总体规划的编制也应与其他专业规划相协调，如交通防灾基础设施等专业规划。编制总体规划需要一个综合的视角，对这些专业规划已经确定的内容或即将实施的项目，总体规划的相关内容应与之保持一致。

3. 总体规划涉及的规划范围

它涉及多个层次的规划范围，包括市域、市区、规划区、中心城区和建成区等。其中市域、市区是从行政管辖范围划分的，而规划区、中心城区和建成区是从规划建设层面划分的。市域是城市行政区划范围，包括市区及外围市（县）城市行政管辖的全部地域。市区则是城市政府直接管辖的范围，不包括外围市（县）。规划区是指城市、镇和村庄的建成区，及因城乡建设和发展需要必须实行规划控制的区域。中心城区是城市发展的核心地区，包括规划城市建设用地和近郊地区中心城区，是城市总体规划的重点范围。城市建成区是城市行政区内已成片开发建设、市政公用设施和公共设施基本具备的地区。

4. 总体规划的编制程序

它包括组织程序，由政府机构负责组织编制城市总体规划和城市分区规划。具体工作由政府城乡规划主管部门承担。编制组织一般由专家领衔、部门合作、公众参与与科学决策。程序包括：组织前期研究，按规定提出开展编制工作的报告，经上级规划行政主管部门同意后方可组织编制。组织编制城市总体规划纲要按规定提请审查。依据国务院建设主管部门或地方建设主管部门提出的审查意见组织编制城市总体规划成果，按法定程序报请审查和批准。编制中涉及城市发展目标与空间布局等重大专题应在政府组织下由相关领域的专家领衔进行研究。

5. 总体规划的编制内容

总体规划编制从工作阶段上可以分为总体规划编制的前期工作，总体规划纲要的编制和总体规划技术成果的编制三个阶段。从总体规划内容上可以分为城镇体系规划、中心城区规划、近期建设规划及专项规划四个组成部分。

第二节　城市艺术设计与分区规划

《中国大百科全书·建筑、园林、城市规划卷》中对分区规划提出以下概念：“按功能要求将城市中各种物质要素，如工厂、仓库、住宅等进行分区布置，组成一个互相联系、布局合理的有机整体，为城市的各项活动创造良好的环境和条件。它是城市总体规划的一种重要方法。”

分区规划是指在城市总体规划的基础上，对局部地区的土地利用、人口分布、公共设施、城市基础设施的配置等方面所做的安排。

在城市总体规划完成后，不同城市可根据需要编制分区规划，分区规划宜在市区范围内同步开展，各分区在编制过程中应及时综合协调。分区范围的界线划分，宜根据总体规划的组团布局，结合城市的区、街道等行政区划，以及河流、道路等自然物确定。

编制分区规划的主要任务是：在总体规划的基础上，对城市土地利用、人口分布和公共设施、城市基础设施的配置做出进一步的安排，进一步与详细规划更好地衔接。分区规划期限应与总体规划一致。

一　分区规划的内容

分区规划应当包括：

① 原则规定分区内土地使用性质、居住人口分布、建筑及用地的容量控制指标。

② 确定市、区、居住区级公共设施的分布及其用地范围。

③ 确定城市主、次干道的红线位置、断面、控制点坐标和标高，确定支路的走向、宽度以及主要交叉口、广场、停车场的位置和控制范围。

④ 确定绿地系统、河湖水面、供电高压线走廊、对外交通设施、风景名胜的用地界线以及主要交叉口、广场、停车场位置和控制范围。

⑤ 确定工程干管的位置、走向、管径、服务范围以及主要工程设施的位置和用地范围。

二　分区规划的资料收集

分区规划的基础资料包括：

① 总体规划对分区的要求。

② 二是分区人口现状。

③ 分区土地利用现状。

④ 分区居住、公共建筑、工业、仓储、市政公用设施、绿地、水面等现状及发展要求。

⑤ 分区道路交通现状及发展要求。

⑥ 分区主要工程设施及管网现状。

三　分区规划的文本

分区规划文本的内容包括：

① 总则，即编制规划的依据和原则。

② 分区土地利用原则及不同使用性质地段的划分。

③ 分区内各片人口容量、建筑高度、容积率等控制指标，列出用地平衡表。

④ 道路（包括主、次干道）规划红线位置及控制点坐标、标高。

⑤绿地、河湖水面、高压走廊、文物古迹、历史地段的保护管理要求。

⑥工程管网及主要市政公用设施的规划要求。

第三节　城市艺术设计与控制性详细规划

城市艺术设计通过控制性详细规划层次实现相关目标，控制性详细规划具有承上启下的特点，它将总体规划转化为更加具体的指标体系和内容。

《中国大百科全书·建筑、园林、城市规划卷》中对城市详细规划是这样表述的："根据城市总体规划对城市近期建设的工厂、住宅、交通设施、市政工程等作出具体布置的规划。"

一　控制性详细规划

它是以城市总体规划或分区规划为依据，确定建设地区的土地使用性质、使用强度等控制指标、道路和工程管线控制性位置以及空间环境控制的规划。

根据《城市规划编制办法》相关规定，根据城市规划的深化和管理的需要，一般应当编制控制性详细规划，以控制建设用地性质，使用强度和空间环境，作为城市规划管理的依据，并指导修建性详细规划的编制。

控制性详细规划是城市城乡规划主管部门根据城市总体规划的要求，用以控制建设用地性质、使用强度和空间环境的规划。

控制性详细规划是城乡规划主管部门做出规划、实施规划管理的依据，并指导修建性详细规划的编制。

二　控制性详细规划的编制要求

编制控制性详细规划，应当综合考虑当地资源条件、环境状况、历史文化遗产、公共安全以及土地权属等因素，满足城市地下空间利用的需要。编制控制性详细规划，应当依据经批准的城市、镇总体规划，遵守国家有关标准和技术规范，采用符合国家有关规定的基础资料。

控制性详细规划应当包括四个方面的要求：一是土地使用性质及其兼容性等用地功能控制要求；二是容积率、建筑高度、建筑密度、绿地率等用地指标要求；三是基础设施、公共服务设施、公共安全设施的用地规模、范围及具体控制等要求；四是基础设施用地的控制界线（黄线）、各类绿地范围的控制线（绿线）、历史文化街区和历史建筑的保护范围界线（紫线）、地表水体保护和控制的地域界线（蓝线）等“四线”控制要求。

编制控制性详细规划，可以结合城市空间布局、规划管理要求，划分编制单元规划，提出规划控制要求和指标。控制性详细规划还可以根据要求分期分批编制，控制性详细规划组织编制机关应当制订控制性详细规划编制工作计划，分期、分批地编制控制性详细规划。

三　控制性详细规划的编制成果

成果要求一般由文本、图表、说明书以及各种必要的技术研究资料构成。文本和图表的内容应当一致，并作为规划管理的法定依据。

第四节　城市艺术设计与修建性详细规划

“城市艺术设计与修建性详细规划”是具体落实成未来修建物的规划，以控制性详细规划为依据。根据《城市规划编制办法》第二十五条至第二十七条的规定，对于当前要进行建设的地区，应当编制修建性详细规划，用以指导各项建筑和工程设施的设计和施工。

控制性详细规划与修建性详细规划的区别在于：控制性详细规划是指标体系性的，用指标和色块指引和控制某地块的建设情况，属指引性的详细规划，具有弹性，具有法定图则的性质。修建性详细规划则是在控制性详细规划的基础上落实某个地块的具体建设，涉及建筑物平面的造型，道路基础设施的布局，环境小品的布置，等等，属确定性的规划。

修建性详细规划是规划管理部门根据控制性详细规划的要求审核总平面图。修建性详细规划必须按照控制性详细规划规定的功能分区、用地性质和指标进行布局。

第五节　城市设计

城市设计是指以城市作为研究对象的设计工作，是介于城市规划、景观建筑与建筑设计之间的一种设计。

《中国大百科全书·建筑、园林、城市规划卷》中对城市设计是这样表述的："对城市体型环境所进行的设计。一般是指在城市总体规划指导下，为近期的开发地段的建设项目而进行的详细规划和具体设计。因此也称为综合环境设计。"

相对于城市规划的控制性、指标性和概念化内容，城市设计更具有具体性和图形化设计的特征。城市设计的作用是为城市环境景观设计或建筑设计提供指导与架构，但与环境景观设计或建筑设计还是有所区别，可以理解为城市设计是介于城市规划与建筑设计之间的一种设计，侧重于城市公共空间的体型环境的创造。

城市设计是联系城市总体规划、关注城市功能，研究城市风貌，尤其是关注城市公共空间的一门综合性学科。

城市设计通过对物质空间及环境景观设计，创造一个满足人们物质与精神同等价值的目标与要求的环境，影响并促进城市环境品质提升与发展。

早期城市设计研究范畴仅局限于建筑和城市环境之间的层面。到了20世纪中期已经开始变化，它除了与城市规划、景观建筑、建筑学等有紧密关系之外，与城市工程学、城市经济学、社会组织理论、城市社会学、环境心理学、人类学、政治经济学、城市史、市政学、公共管理、可持续发展等范畴也产生了密切关系，因而是一门综合性跨领域的学科。但城市设计理论与实践主要关注的仍然是城市公共空间领域的设计内容。

一 城市设计与城市规划的关系

城市规划是更多地体现城市宏观性、全局性和整体性的规划，是全覆盖的，涉及政治、经济、社会等综合发展政策和方向的要求。城市设计侧重于城市规划中的一个部分或单元，讲得更直白点，侧重于城市规划中的公共或开放空间领域设计。因为这些空间领域需要进一步进行空间的、体型的、尺度的、色彩的甚至造型的系统设计，属于城市中观与微观层面的设计，与人心理、行为关联度更高、更直接。

二 城市设计与控制性详细规划的关系

城市设计主要在城市空间三维体形领域中进行空间形态系统设计，而控制性详细规划则偏重于以土地区域为载体的二维平面规划。

城市设计侧重城市中各种空间功能关系的组合，建筑、交通、开放空间、绿化体系、历史保护等城市各个要素间交叉与融合，是一种综合化的系统设计。

城市设计关注城市视觉秩序以及艺术设计问题、关注城市地域文化和历史、关注时代精神、关注城市意象与识别以及公共环境交往等心理、行为方面等的问题。

控制性详细规划的重点问题是建筑的高度、密度、容积率等技术指标。表现“见物不见人”的设计成果。城市设计侧重于设计要素控制、调整与人心理、行为的关系，重视人的心理、行为感受与影响以及个性化的差异需求。

第五章
城市公共空间优化

城市艺术设计的重点在公共空间，城市公共空间优化是城市艺术设计的方法与手段，值得注意的是城市公共空间优化大多数针对的是已建区或老城区，对这样的片区公共空间只能通过优化方式。

第一节　优化公共空间的意义

优化公共空间是城市艺术设计的主体。关注公共开放空间问题有两个原因：一是公共开放空间是环境艺术设计的主要载体，是城市环境艺术规划设计的研究对象和主要内容；二是我们生活的城市越来越“拥挤”，虽然造成城市拥挤的因素很多，但是城市公共开放空间“优先规划”的理念缺位和滞后是关键因素之一。公共开放空间规划是一个大问题，对这个问题的认识还存在不少误区，公共开放空间概念的研究具有普遍和现实意义。

笔者曾在 2001 年发表论文提出北京“建构城市广场群”的概念。2004 年在《北京城市艺术设计发展战略》课题中提出“米”字形公共空间构架的概念，并指出北京“十”字形公共开放空间的局限性，但没有得到足够重视。2005 年开展《北京旧城公共开放空间系统研究》，就北京旧城公共开放空间系统建构、存在的主要问题以及解决途径进行探索、思考，提出旧城公共开放空间系统规划的理念——“优先规划、优化设计”。这个理念既有政策层面的，也有规划方法和手段层面的。

“优先规划公共开放空间”的理念在市场经济环境下提出，应当引起我们的思考与关注，因为它是实现公共利益和福利化的重要内容，在当前强调和谐社会发展理念时期，“优先规划公共开放空间”具有重要现实意义和长远意义。

“优先规划公共开放空间”的理念，既是针对北京旧城的，也是针对我国城市公共开放空间规划的。

第二节 优先规划公共开放空间的概念

优先规划公共开放空间，包括两个方面的概念，一是优先规划，二是公共开放空间，以下分别加以论述。

一 “优先规划”的概念

“优先规划公共开放空间”的概念，其核心在“优先”。优先是指在诸多规划要素中，将城市公共开放空间作为第一或首先考虑的规划要素。

中国古代就有“先入为主”的说法，虽然原意是指先接受了一种思想或说法，不易再接受不同的思想或说法，如果加以延展理解，这个成语也表明了因“先入”而导致“为主”的关系和作用。强调先入、率先的事物具有主导性质，对未来元素产生影响，处于主导、主动地位，具有先决作用。

为了实现“优先规划”的理念，就更须强调诸多要素的功能关系，把优先规划形态和后续形态统一。以公共开放空间优先规划作为城市规划前瞻性、预见性、理想化的目标之一。优先规划公共开放空间理念最能充分体现规划的精神和实质。如果一个城市感受不到它需要优先规划的要素和目标，那是可悲的。

城市空间优先规划的对象和要素选择体现城市发展的目标定位和选择。

我国城市公共空间规划由于历史原因，优先规划的理念始终未能在更加科学、全面的层面上予以明确。

在已建城市的公共开放空间缺失的状况下，如何体现“优先规划”？这主要在于对城市公共开放空间的概念、功能、作用的认识和把握能力。

北京旧城的公共开放空间“先天不足”，这是由于中国传统都城城市规划理念所致。北京旧城如何在“先天不足”的条件下，在保护城市历史文化遗产和发展的双重压力下，实践“优先规划公共开放空间”的理念，从表面上看存在着矛盾，其实质是相互统一的。

二 “公共开放空间”的概念

公共开放空间是指供全体市民进行户外活动的城市开放空间，服务对象是全体市民。公共开放空间具有的基本特征是公共性和开放性。我国目前有许多城市空间属于公共空间的概念，尽管不开放或有条件开放。城市公共开放空间的公共性和开放性是主要特征。

本文中所指的公共开放空间的概念是广场和公共开放绿地。公共开放空间是城市形体环境中最易识别、最易记忆、最具活力的组成部分。

公共开放空间是城市中多层次、多含义、多功能的综合系统。包括节庆、交往、流通、休憩、观演、购物、游乐、健身、防灾、避难等功能。公共开放空间是城市艺术规划的重点内容。

良好的城市公共开放空间应具备以下特性。

① 平等性。是指人人享有平等参与的权力、消除人与人之间的差异，经济政治地位的差异等。

② 识别性。是指具有个性特征易于识别。

③ 社会性。是提供大众共创和共享的功能。

④ 舒适性。具有减少环境压力、放松身心功能。

⑤ 通达性。方便，具有既可望又可及的功能。

⑥ 安全性。具有步行环境，无视线死角，夜间有良好的照明。

⑦ 愉悦性。具有视觉趣味和人情味、环境优美。

⑧ 和谐性。环境整体协调、有序。

⑨ 多样性。功能与形式灵活多样、丰富多彩。

⑩ 文化性。有文化品位，有利于文明建设的环境和功能。

⑪ 生态性。强调尊重自然、保护生态的作用。

第三节　北京旧城公共空间的优化

北京旧城公共开放空间主要存在缺乏系统、总量不足、功能单一、文化内涵不足的问题。本节针对这些问题对北京旧城公共空间优化提出思考。

一　北京旧城公共开放空间系统的解决途径

1. 整合系统

通过整合系统，改变松散无序的现状。

2. 增加总量

提高人均公共开放空间指标，旧城作为首都北京政治文化核心地区，应当具有较高或者高于全国历史保护区平均指标的要求，应在保护历史文化遗产资源的前提下，提高公共开放空间的标准和指标。

增量途径可以包括：开放公园，逐渐实现 24 小时开放。大院拆围，通过大院拆围，提高旧城公共开放空间总量。旧城内的大单位、大院占有大量公共空间，应通过政策调整改变。通过更新将与历史风貌不协调、建筑质量差的建筑拆迁地优先规划公共开放空间用地。

3. 强化内涵

加强主题和概念性公共开放空间的规划与设计，通过挖掘古都传统文化和首都现代文化的精神内涵，提高公共开放空间的文化品位和品质，确定符合国家首都地位的城市公共开放空间的定位。

二　建立北京旧城公共开放空间系统的构想

1. 北京旧城公共开放空间系统的形态

一个“凸”字形环、三纵与五横、多层多类。

2. 系统的特点与作用

建设二环路内侧的“凸”字形环状公共开放空间带，形成一个较为完整的公共开放空间系统。可以作为旧城墙遗址文化和公共开放空间的主要区域，增加城市历史文脉表现和记忆。

3. “三纵”的特点与作用

所谓“三纵”，是指在旧城中形成的三条纵向的公共开放空间。中间是旧城南北中轴线，是旧城城市空间秩序的象征，由封闭逐渐开放。左右两侧是道路型公共开放空间。应当进一步完善公共开放空间的功能和作用。

4. “五横”的特点与作用

所谓“五横”是指在旧城中已经形成的五条横向的道路型公共开放空间，应当加以明确和完善。

5. “多层多类”的特点与作用

所谓“多层多类”是指在旧城中建立多层次的公共开放空间，根据不同的分级依据提出“八级”概念；“多类”是指公共开放空间依据不同的分类依据，提出“八类”概念。按照良好的可达性原则，以步行路程15~20分钟，服务半径500米以内作为均匀布局依据，为制定旧城公共开放空间规划设计指导原则的参考。

三　公共开放空间优先规划理念和优化设计理念

1. 优先规划理念

它是指在旧城保护和更新中把公共开放空间规划置于优先地位。一是体现在规划政策层面上的优先规划。由于这个概念认识模糊，缺乏明确的优先规划公共开放空间的指导思想，导致政策导向上的偏差，公共利益空间和福利空间优先规划大大弱化，城市空间发展建设大量出现“增增减减，修修补补”的现象，有的甚至产生了难以挽回的后果。二是体现在规划方法层面上的优先规划。三是体现在规划实践层面上的优先落实。

2. 优化设计理念

它是指公共开放空间规划方法和设计方案优化设计。优化设计本质是优质设计，笔者曾提出“今日之规划，未来之遗产”的理念，是这个概念技术层面的表述。

四　北京旧城与国外城市公共开放空间的比较

北京曾是历史悠久的古代都城，有着上千年的城市发展历史，受封建专制和等级观念等因素的影响，轻视和抑制城市公共开放空间建设。

总体来看，我国古代城市公共开放空间系统缺失。近现代受到外国城市公共开放空间规划理念的一些影响，部分城市公共开放空间有所发展。

但是，在城市公共开放空间的概念、性质和作用的认识上仍然存在相当多的误区，非理性地、武断地表述公共开放空间的功能与作用的现象频频出现。中国城市广场建设中出现的问题非常突出。广场建设浪费土地资源，似乎尽可能地把土地都建成房子，就是发挥土地的最大价值。城市实体规划优先，城市“空间”规划滞后的惯性依然很强。

随着社会进步，城市公共开放空间的人均面积应逐渐提高，只有提高了公共开放空间的人均面积，城市空间的生活质量才能改善和提高。拥挤是不会产生“良好的城市生活品质”的。

城市规划应当优先规划“空”的部分,“空”的部分是城市构架。

纵观意大利罗马、法国巴黎和美国华盛顿城市公共开放空间的规划，都把公共开放空间系统作为主导内容，优先规划、优先定位。西方大量的城市规划中不断继承这个传统，在现代城市规划中，也是将公共开放空间作为优先规划的内容，为城市空间发展结构奠定了良好的基础，为城市空间形态始终保持稳定和持续发展创造了余地。

从某种角度观察分析，北京旧城与意大利罗马、法国巴黎和美国华盛顿等城市的差异，就体现在公共开放空间规划理念的差异之中。

五　北京旧城优先规划公共开放空间系统的建议

首先是政策的调整与引导，优先规划公共开放空间；其次是规划方法的调整与引导，对旧城、中心城公共开放空间进行整体规划；最后是优先规划公共开放空间要与保护旧城历史文化风貌相结合，与疏解旧城人口政策相结合。

第四节　北京城市广场群与广场设计

本节通过梳理中外广场形成和发展的历史，结合世界著名广场的设计案例，对北京城市广场群建设提出建议。

一　广场的形成与发展

无论是中国，还是外国的广场，它的形成和发展总是与人类社会的公共集结、交往活动密切相关。广场的形成应比城市的形成要早得多。在城市形成之前，人类已有原始性民族、部落的各种集会活动，这些活动必然要有一定的空间场地。随着市场和城市的出现，广场具有了集市交易、宗教活动以及民俗文化活动的功能。

中国古代广场以庭院式广场为主，形态较为封闭，广场大多从属于宫殿、寺院、坛庙、社稷及陵墓等。由于长期的封建社会形态，市民与统治者的公共空间是不可能“共享”的，因此中国古代广场多体现为“前朝后市”。“前朝”即为举行宫廷礼仪的大型庭院式广场，显得比较封闭、专门化；“后市”则是以市民为主体的民间活动广场，其基础以集市广场和露天的戏剧、杂耍等观演性娱乐广场为主，还有与司法有关的露天刑场。这类广场一般是典型的“一场多用”的方式，显得比较开放、松散。

近代中国进入了半封建半殖民社会，广场形式表现为中西文化的混合体。这类广场出现在近代的上海、大连、哈尔滨、长春、北京、南京及青岛等地。

中国现代广场建设的开端是在中华人民共和国成立之后，主要有两个发展时期。第一个时期是 20 世纪 50 年代天安门广场的改建和扩建阶段，这个时期的广场建设以政治性集会广场为主。第二个时期是 20 世纪 80 年代改革开放之后，随着经济高速发展，城市广场建设进入快速发展阶段，建设量大，种类也多。

西方广场的形成和发展尽管与中国不尽相同，但也是从“一场多用”逐步转变为“专场专用”的。

古希腊时期的城市广场的设计观念，是用建筑群组成封闭的空间，并把各个分离的部分组成一个整体。古罗马广场设计则非常会运用尺度和比例，使整体的各个部分相互协调。中世纪时期，教堂广场成为城市的中心，其设计表现出不规则性、形制自由和围合严实的特点。意大利佛罗伦萨的市政厅广场（见图 5-1）、威尼斯的圣马可广场（见图 5-2）

图 5-1　佛罗伦萨市政厅广场

广场集中设置大量艺术作品，宛若置身于露天艺术博物馆，说明艺术可以给城市带来难以估量的价值。

和坎波广场等堪称这一时期的代表性杰作。

文艺复兴和巴洛克时期的城市设计追求庄严宏伟的风格，修建了许多反映文艺复兴面向生活的新精神、表现人文主义价值观的广场。盛期和后期的广场比较严整，并采用柱廊形式，空间比较开敞，雕塑一般布置在广场中央。这一时期代表性的广场有罗马市政广场、圣彼得大教堂广场等（见图 5-3）。

古典主义时期，广场设计体现了有秩序、有组织、永恒的王权至高无上的要求。强调轴线和主从关系，注重端庄典雅的纪念性构图，设计手法严谨，广场中多布置主体标志物。代表性的如马德里的马约尔广场（见图 5-4）、皇宫广场（见图 5-5）、罗马的纳沃纳广场（见图 5-6）、波波洛广场（见图 5-7）等。

欧洲和美国的近现代广场，主要是英、法、俄等国家的旧城改造和美国新建大城市时建造的广场。20 世纪 50 年代到 60 年代的广场设计是从平面型向空间型的过渡时期，70 年代以后，大多数广场设计趋向于多功能、综合性、个性化，更加关注人的环境心理需求。空间型广场的发展是为进一步避免交通干扰，求得一个相对安静、舒适的活

图 5-2　威尼斯圣马可广场

它被拿破仑誉为城市客厅，广场建筑精美，尺度宜人，使人流连忘返。

图 5-3　梵蒂冈圣彼得大教堂广场
它是世界城市广场经典作品之一，中心设置纪念碑，严谨的中轴线和围合空间序列与城市道路形成连接和呼应。

图 5-4　马德里马约尔广场
它是一个典型的古典广场，中心设置骑马雕像，四周出入口与廊道形成整体。既有良好围合感，同时可达性也很好。

图 5-5 马德里皇宫广场

它具有古典主义色彩建筑装饰，金碧辉煌。几乎对称的空间结构，营造出广场艺术的经典品质。

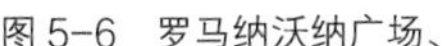

图 5-6 罗马纳沃纳广场、

这是一个优美的城市广场，广场两侧分别设置喷水池雕塑和纪念碑。空间尺度适宜，满足人们休憩、集会等功能要求。

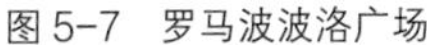

图 5-7 罗马波波洛广场

这是一个充满古典气息的广场，广场具有良好围合关系，广场空间舒朗而精致，中心竖立纪念柱，四个方向道路通达广场，形成良好的可达性空间，一侧依山俯视广场尽收眼底。

动空间，样式上一般有下沉式、上升式两种。具有代表性的广场有美国纽约洛克菲勒中心广场等。而当代平面型广场的成功之作当推美国新奥尔良市的意大利广场和波士顿市政厅广场。

二　北京城市广场群的建构是首都城市空间艺术的深化

首都北京是国家的象征，是国家政治、文化的缩影，是民族文化与精神的归宿。它还是国家最富有活力和创造力的城市，在国家政治和文化发展中发挥着十分独特的作用。政治中心、文化中心功能体现首都的共性，特色功能体现首都的特性。如何通过建立北京城市广场群这一新空间组织形式，体现首都政治和文化中心作用，以及调整城市交通空间节奏，是北京城市广场群概念设计的主要任务和目标。

城市广场是城市空间艺术的重要形式之一。城市广场群是在大城市或特大城市中城市空间使用功能与空间艺术功能规划中最基本的架构系统。城市广场群架构系统的确立表明这个城市广场设计的完整性、统一性，同时更能体现城市空间艺术设计水平。

城市广场群是指在一定的城市规模中，将各个不同的大、中、小型的广场围绕中心广场组成的一个相互联系的统一体。广场群整体结构反映了各个广场在一个群体内的集合功能以及形成的空间网络和交通网络关系。影响广场群空间网络结构的有几个基本因素：一是广场群网络的规模；二是广场群网络的密度；三是广场群网络的组织形式。

三　北京城市广场群规划概念的缺失与建构

北京城市广场群的规划概念的建构是将过去局部和分散建设的广场变成整体、统一的城市空间组织形态和系统。

在新中国成立之初，经过对北京皇城广场的改造和扩建，建成了世界上最宏大的广场——天安门广场。

新中国成立初期，毛主席和周总理就提出“让天安门广场建设成为人民最喜爱的地方”。旧时的“皇城广场”已不能适应当时作为新中国首都将要举行一系列盛大活动的需要，天安门广场的整修在北京解放初就已开始进行。总共进行了四次重大的改建和扩建。

第一次是以“人民英雄纪念碑”为主体的广场改建。1949 年 10 月 1 日，在天安门广场举行了开国大典。为了开国大典，修整了广场内的门楼，伐掉了树木，安装旗杆，增辟了出入口。从此天安门广场成为首都北京的中心广场。1952 年又拆除东西三座门。1955 年

图 5-8　天安门广场

目前世界上最大的广场之一，是国家政治与文化中心的标志性空间。广场设有国家重要建筑，纪念碑和国旗。

图片来源：北京市规划委员会、北京城市规划学会主编《长安街过去 - 现在 - 未来》，机械工业出版社，2004。

再次整修了天安门广场，拆除了东西两道墙，扩展了广场面积，并将原有的榆槐树换植了油松，铺砌了混凝土方砖。

为了进一步改建天安门广场，前后做了许多方案。经过反复比较，最后综合成一个方案，经过审定，付诸实施。综合方案的主要内容是：广场性质为政治性广场，人民大会堂和中国革命博物馆、中国历史博物馆分列在广场两侧。新建筑的形式与尺度取决于建筑物本身的需要和广场整体性，要和旧有建筑协调，反映新中国的面貌。广场不宜过小，确定第一期工程面积由 11 公顷扩大到 40 公顷，东西宽 500 米，南北长 860 米，可容纳 40 万人集会。决定拆除中华门，保留前门城楼和箭楼。毛泽东主席、周恩来总理亲自审定了天安门广场规划方案。

第二次是为庆祝新中国成立十周年的广场扩建。在 1958 年 8 月政府决定改建、扩建天安门广场，历经 10 个月完成了整个天安门广场包括东西长安街的改建、扩建。这次广场扩建最重要的一点是确定了广场的规模和性质，天安门广场是首都的中心广场，是首都的标志，它承担着特殊的政治历史使命。改建后的天安门广场，在规划上保留并发展了原有的南北中轴线，同时展宽和延伸了东西长安街，形成新的东西轴线，两条轴线相交于天安门广场。较好地控制了广场与各个建筑的高宽比，如天安门的高与广场长度比为1 ∶ 12.9，纪念碑高与广场长度比为1 ∶ 11.5，两侧建筑高度与广场长度比为1 ∶ 12.5等。广场南北向长为880米，东西向宽为500米。安装了56座九球莲花灯，种植花草3万平方米和万株树木。改建后的广场雄伟、壮丽、宽阔，有效调整了旧城中心格局形式，使天安门广场的空间格局从小尺度、封闭、半封闭逐渐改建、扩建为大尺度、气势恢宏的完全开敞的空间，形成了首都中心广场的新格局，满足了政治集会和礼仪庆典活动的需要。

第三次是以毛主席纪念堂为中心的广场建设。1976年9月毛主席逝世后，中央决定修建毛主席纪念堂。再一次对广场进行改建。仅用半年多的时间建成了毛主席纪念堂，铺装广场面积18万平方米，埋设各种管线34公里，广场面积扩大到44公顷。纪念堂的定位，虽然决定在纪念碑与正阳门之间，但是准确的位置在中轴线的什么地方，几经探讨，最后决定在纪念碑与正阳门的中间，正阳门被保留下来，也保证了广场的完整性。纪念堂的高度也经过反复研究，既要有足够的高度掩盖正阳门，使人不会看到纪念堂的正面轮廓被正阳门的大屋顶破坏，又不能过高而压倒纪念碑。建成后高度为33.6米，与广场其他建筑的高度相协调。

第四次是为迎接新中国成立50周年的广场更新与修整。为了迎接新中国成立50周年，天安门广场于1998年10月开始更新、修整。更换广场路面铺装，更新扩音系统、照明系统等。

天安门广场经过50年的不间断的规划、设计和建设，它不仅成为我们国家的象征，而且也是我国城市空间艺术建设史上最杰出的作品。

天安门广场的修建象征着新中国的政治、经济和文化形态彻底地从半封建、半殖民地社会中解放出来，标志着一个崭新的政治、经济和文化形态的建立与发展。天安门广场建设的意义是重大和深远的。

天安门广场的建设在北京城市格局中形成了中心广场、城市的核心空间、主导空间和标志性空间的作用，成为国家“客厅”，完成了作为新中国首都城市空间艺术规划设计的第一步，也是最关键的一步。

但是，在完成第一步之后的相当一段时间里，由于各种因素和条件的局限。20世纪50年代，虽然修建了十大建筑以及从属性广场，但没有形成城市广场群的规划概念。

改革开放之后，中国的政治、经济和文化得到了前所未有的大发展，首都北京由于城市改造和扩建力度在不断地加大加快，城市空间形态发生了巨大的变化。城市广场修建数

图 5-9　北京西单广场

初建于 1999 年的城市广场——西单广场，是城市重要公共空间，2007 年又进行改建。

图片来源：北京市规划委员会、北京城市规划学会主编《长安街过去－现在－未来》，机械工业出版社，2004。

图 5-10　王府井大街教堂广场

这是教堂前广场，该广场丰富了王府井大街的空间关系，创造易于人们停留与交往的空间，广场尺度亲切。

量急剧上升（见图 5-9，图 5-10），但在这个“大与快”的“分散无序”地盲目改造和扩建过程中的定位出现的“盲点”和“偏差”不免使人深感忧虑。新建众多的北京城市广场与国家首都城市中心广场毫无关系，仍然没有形成广场群的规划概念。造成这种现状的主要原因与对国家首都城市建设定位不清有关。

运用“广场群”概念来思考首都城市空间艺术问题就显得十分必要和紧迫。北京是中国的心脏，国家政治与文化的轴心，是中国人民精神生活的中心。首都作为国家最高行政指挥中心，其重要的意义不在于它的经济中心定位，而是在于它的政治中心和文化中心的定位。

北京城市广场群的建构，是通过城市广场群规划与设计，建构以北京天安门广场为中心的城市广场群，这可以深化并实现北京城市广场空间艺术形态的完整性。应当说国家首都的城市建设定位是一项十分重大而严肃的工作，是要以极高的文化理念来加以定位的。在这一点上我们的认识还有些不到位。

为了更好地建立体现中国国家首都形象的空间艺术形态，必须借助于城市空间整体因素，实现这个“整体”就必须努力建构“广场群”概念。广场群是重要的城市空间组织，可以有效地形成整体的城市空间节点艺术，形成城市空间艺术节奏感并同时赋予它们更多的人文内涵，整体地体现国家首都的政治、文化精神面貌。

北京城市广场群的各个广场元素设计应遵循这样的原则：选位适当、尺度适宜、功能适用、形式多样、个性鲜明、主题突出。使广场与其他环境组合融入城市空间艺术规划之中。

北京城市广场群规划设计应产生认同感、亲切感、凝聚力、民族自豪感与自信心。

四 北京城市广场群的设计创意

北京是国家的首都，是我国政治、文化中心，首都北京的城市空间艺术形态的建设应当体现出这一特殊功能、性质与特色。国家首都的城市建设应当能够涵盖和标志全中国丰富而多样的人文特色。为了能更好地体现首都的功能、性质和特色，建议修建“北京城市中国地名广场群”或“北京城市名人广场群”。既可以分别建设，也可将两种类型综合。下面分别论述。

1. 北京城市中国地名广场群

以北京天安门广场为城市中心广场，围绕这个中心广场布置，依据我国各个省、自治区、直辖市及港、澳、台在内的三十多个行政区的文化特色并与该区域相关的省名、市名或其他形式来命名广场，组成“北京城市中国地名广场群”。如“上海广场”“天津广场”“重庆广场”“拉萨广场”“西安广场”等。这样就会在北京形成这样的格局：以天安门广场为中心，围绕着三十多座大小不一、形式多样、富有各地方文化内涵与特色的大、中、小型广场组成的广场群，它们与环路有机结合，均匀分布在二环与五环路之间，以及水系的一侧或两旁。

2. 北京城市中国名人广场群

在北京建设“城市名人广场群”可以集中展示我国文化名人的历史功绩和魅力，丰富首都北京的城市人文景观。建立历史文化名人广场群，以及发掘和弘扬名人文化所蕴含的民族精神，可以在城市丰富的空间里营造出良好的精神价值，引导环境与氛围，同时极大地丰富首都北京城市景观艺术，具有现实和深远的意义。

一个真正强大的国家，不仅是经济大国，而且还应当是文化大国。首先在精神上有一种引导力、感召力和感染力。要体现一个国家在精神建设上的整体价值取向，建立名人广场是实现这一目标的有效途径之一。

城市名人广场是为尊重和纪念那些在人类历史上，在思想、哲学、文化艺术、科学技术等领域做出杰出贡献和具有巨大影响的人物而建的广场。建设什么样的名人广场，完全取决于我们国家和全体人民的价值取向，取决于名人对全世界以及国家所产生的持久影响力与作用。建设对人类有过重大贡献的中国名人广场，可以为全体国人提供持久的、感受无限的精神场所。名人的精神价值还可以激励后人缅怀、敬仰和继承，激发民众的爱国情怀，产生对民族和国家的认同，对全体社会成员产生良好的潜移默化的引导作用。

名人广场的名人选择以及具体标准与层次的确定是一项重大、严肃而艰巨的工作，名人衡量的标准与层次的确定体现了国家与社会全体成员的价值取向，选择是否恰当是直接影响名人广场建设成败的关键因素之一。

名人的最高层次与最高标准是在全球范围内对人类社会发展发挥过积极作用，而且具有最持久、最广泛的影响力的人，如中国的孔子、老子等。第二层次与标准是在洲际范围内对社会发展产生过积极和持久影响的人。第三层次与标准是在国家范围内对社会发展产生积极作用的，而且具有持久影响的人。第四层次与标准是指在某一领域做出巨大或特殊贡献，同样具有持久影响的人。

首都城市空间艺术的象征意义是非常重要的，它可以产生爱国主义氛围和神圣的民族凝聚力，广场群丰富的人文内涵将成为首都新的历史文化资源。

广场群具有双重功能与效应：第一是城市的交通环境的调整功能，城市交通不能只是追求“便捷”应具有节奏感。第二是城市空间艺术的调整功能。

五　广场群设计创意的实施

这两个方案在北京市区中的实施范围是从二环路外至五环路之间。它的布置不会影响和破坏二环路以内的老北京城市的传统景观与格局。

广场群与道路网的有机结合，可以调整和改善城市道路网景观单一的现象，使城市空间艺术景观更富有节奏感。

二环路以外的各个环路区域的发展，实际已经形成崭新的、开放的城区带。在这些地区合理地、均衡地布置三十多座与天安门中心广场形成一体化的新广场，对首都北京城市空间艺术与城市功能完善将产生积极作用。

北京城市广场群的建设必然要涉及地名、路名管理方面的问题。我国很多城市街道取名常使用城市名，如上海的南京路、北京路、四川路等。而这种方式在北京极少使用，我们认为首都北京应更加注重使用我国省市名称，这更符合首都的特点，同时会极大丰富北京城市道路路名，改变其路名单调的状况。

在首都建设以天安门广场为中心的“北京城市广场群”不仅是对城市空间艺术的丰富和完善，也为首都提供了一种更为广阔的人文精神和浓郁地方文化特色的表现载体，还可以激发和调动全国各地共同参与和支持首都城市建设的热情。

最后值得一提的是，广场群是首都北京城市空间艺术、城市功能更加完善的重要系统之一。“城市地名广场群”“名人广场群”概念的实施，也可以依据其他的主题内容加以实施，只要它符合中国首都城市空间艺术的精神和城市功能就是一件利国利民的好事。

第六章
城市艺术设计与城市遗产保护

城市艺术设计离不开城市遗产保护，城市遗产是城市艺术设计研究的重要组成部分，通俗地讲是传统部分。人类历史的发展经历了漫长而曲折的过程，对城市遗产在城市规划中的地位和作用的认识也在不断更新、变化。城市发展与保护始终相伴而行，他们之间的关系也存在种种差异。

有的城市全然呈现历史形态和面貌，保护城市历史就是城市价值的全部，如山西平遥；有的城市完全是现代化城市，少有城市历史资源，就必须通过城市创新发展获得城市艺术设计价值，如深圳。而北京，不仅是历史文化名城，也是现代化大都市。城市现代价值与城市历史价值并存，既要体现现代审美价值又要体现历史审美价值。

无论如何，城市历史遗产是城市艺术设计的一个部分，我们要保护和适度利用，使其与城市艺术设计创新价值并存，融为一体。

第一节　城市文化遗产保护的概念与原则

城市文化遗产保护是一个永恒的话题，本节将明确它的概念和应遵循的一些基本原则。

一　城市遗产的概念

1978年在莫斯科召开的国际古迹遗址理事会第五届大会上通过的《国际古迹遗址理事会章程》第三条中，对城市文化遗产的主要类别做出了如下定义：古迹和纪念物一词应包括在历史、艺术、建筑、科学或人类学方面具有价值的一切建筑物。这一定义应包括古迹的雕刻与绘画、具有考古性质的物品或建筑物、题记、洞窟以及具有类似特征的所有综合物（见图6-1，图6-2）。

图6-1　世界文化遗产重点保护对象之一：希腊雅典卫城

图 6-2　世界文化遗产重点保护对象：墨西哥玛雅文化

联合国教科文组织（UNESCO）等国际机构认为与物质形态相关的主要文化遗产类型包括：

1. 建筑遗产

建筑遗产不仅包括品质超群的单体建筑及其周边环境，而且包括城镇或乡村的所有具有历史和文化意义的地区。建筑遗产的保护应该成为城市和区域规划不可缺少的部分。

2. 乡土建筑遗产

乡土建筑是社区自己建造房屋的一种传统的和自然的方式。乡土建筑遗产在人类的情感和自豪感中占有重要的地位。它已经被公认为有特征的和有魅力的社会产物。

3. 文化景观

文化景观是人和自然共同的作品，是人与所在自然环境多样的互动，具有丰富的形式。文化景观根据其特征分为三类：一是人类主动设计的景观，包括庭园和公园等，美学和使用价值往往是其重要的建造原因，这些景观有时会和宗教或其他古迹关联。二是有机进化的景观，它们是人类社会、经济、管理、宗教作用形成的结果，是对其所在自然环境顺应和适应的结果。三是关联和联想的文化景观，其重点在于自然元素与宗教、艺术和文化上联系紧密。

4. 20世纪遗产

20世纪遗产主要指产生于20世纪、年代不甚久远（如不足50年历史）的建筑、建成环境和文化景观。

二　城市遗产保护的原则

1. 原真性原则

保护各种形式和各历史时期的文化遗产要基于遗产的价值。人们理解这些价值的能力部分依赖于与这些价值有关的信息源的可信性与真实性。对这些信息源的认识与理解，与文化遗产初始的和后续的特征与意义相关，是全面评估原真性的必要基础。

在一些历史城市中重建、仿造古建筑、仿古街的“假古董”，这些不具有任何真实的历史信息，却给人造成错觉，产生“以假乱真”的负面影响，破坏了历史遗产的保护。城市遗产的历史品质和固有特征不应改变或受到破坏，这是历史保护的基本要求。

2. 完整性原则

完整性是评估自然遗产价值和保护状况的重要指标。任何历史遗存均与其周围的环境同时存在，失去了原有环境，就会影响人们对其历史信息的正确理解。《威尼斯宪章》指出：“古迹遗址必须成为专门照管对象，以保护其完整性，并确保用适当的方式进行清理和开放展示。”这是在国际宪章中较早提出保护历史古迹及环境完整性的文件。

3. 永续性原则

作为人类共同财富的城市遗产，随着时间的推移其价值会越来越高。永续性原则要求我们认识到遗产保护的长期性和连续性，随着对文化遗产及其所包含的信息、价值认识的提高，文化遗产已被视为社会持续发展不可再生的战略资源。

三　城市遗产保护的价值

1. 城市遗产是城市艺术设计的重要内容

城市是人类社会物质文明和精神文明的结晶，也是一种文化现象。城市既是历史文化的载体，也是社会经济的文化景观。保持城市景观的连续性，保护乡土建筑的地方特色，保存街巷空间的记忆，是人类现代文明发展的需要，是永续发展的具体行动。文化遗产是城市历史的见证，保护城市遗产就是保护城市的文化记忆。这些历史建筑和文物遗存以其独特性、不可复制和不可再生性，成为一个城市独一无二的发展见证，甚至成为一个城市的重要象征，也是城市艺术设计的重要内容。

2. 城市遗产是城市艺术设计的资源

城市遗产是人类文明的结晶，是人类共有的财富，它又是不可再生的社会资源。保护城市遗产被认为是社会文明进步的标志。

人们对“资源”的认识已不再局限于自然资源，而是包含文化资源、景观资源在内的更为完整的构成。城市遗产具有多方面的资源效应，在城市形象宣传、乡土情结的维系、文化身份的认同等多方面具有重要价值。保护城市遗产也会促进旅游业的发展。世界上著名城市遗产所在地，均为旅游业发达的地区，甚至成为当地的经济支柱。它为振兴地方经济与地方文化发挥积极作用。

3. 城市遗产保护是城市特色的基础

城市遗产保护是现代城市特色的基础。城市特色指的是城市的内涵和外在表现明显区别于其他城市的特征。城市特色是区别于其他城市的可识别、可认知的重要标志。世界上所有有影响力的城市都有着历史上形成的丰富多彩的城市形态，具有完整的城市意象的符号体系。

4. 城市遗产保护是城市可持续发展的需要

保护城市遗产是延续城市文脉、实现可持续发展的需要。城市遗产具有的精神价值、思维方式、想象力以及创造力，是人类智慧的结晶。城市遗产保护与传承，是世界文化多样性存在的重要基础。

第二节　城市文化遗产保护的理念

一　两个《雅典宪章》

1931 年“第一届历史纪念物建筑师及技师国际会议”在雅典召开，“雅典会议”就保护学科及普遍原理、管理与法规措施、古迹的审美意义、修复技术和材料、古迹的老化问题、国际合作等议题进行了充分讨论，通过了《关于历史性纪念物修复的雅典宪章》，简称《雅典宪章》。其主要理念包括通过创立一个定期的、持久的保护体系有计划地保护古建筑，摒弃整体重建的做法，以避免可能出现的危险。提出尊重过去的历史和艺术作品，在不排斥任何一个特定时期风格的前提下，进行历史纪念物的保护修缮，以保证修复后的纪念物原有的外观和特征得以保留。应注意对历史纪念物周边

图 6-3　世界文化遗产保护的重点：意大利罗马斗兽场

地区的保护，新建筑的选址应尊重城市特征和周边景观，特别是当其邻近文物古迹时，应给予周边环境特别考虑；一些特殊的建筑群和景色如画的眺望景观也需要加以保护（见图 6-3）。

1933 年，国际现代建筑协会（CIAM）第四次会议上通过了另一份《雅典宪章》。这份确立现代城市规划的基本原则的文件，提出的“居住、工作、游憩、交通”等功能分区的理性主义规划思想已为建筑界所熟悉。

二 《威尼斯宪章》

1964 年，意大利政府在威尼斯举行了“第二届历史纪念物建筑师及技师国际会议”，讨论通过了《国际古迹保护与修复宪章》，简称《威尼斯宪章》。

《威尼斯宪章》对 1931 年的《雅典宪章》进行了重新审阅和修订，其主要内容参照了意大利的保护范式。《威尼斯宪章》更多地关注历史性纪念物保护的原真性和整体性，宪章中提出“世世代代人民的历史古迹，饱含着过去岁月的信息留存至今”，使人们越来越意识到人类价值的统一性，并把古代遗迹看作共同的遗产，认识到为后代保护这些古迹的共同责任。

三 《世界遗产公约》

联合国教科文组织于 1972 年倡导并缔结了《保护世界文化和自然遗产公约》，简称《世界遗产公约》。

《世界遗产公约》中指出，人类只是世界自然和文化史上一切伟大里程碑的托管者，需要建立一个依据现代科学方法制定的永久有效的制度，共同保护具有突出的普遍价值的文化和自然遗产。强调缔约国本国领土内的文化和自然遗产的确认、保护、保存、展出和移交给后代，主要是该国的责任。公约规定设立世界遗产委员会，并公布《世界遗产名录》和《濒危世界遗产名录》，它是一项具有司法性、技术性和实用性的国际任务。其目的是动员世界各国人民团结一致，积极保护人类共同的文化遗产和自然遗产。

文化遗产包括：

纪念物。从历史、艺术或科学的角度看，具有突出的普遍价值的建筑物、雕刻和绘画，具有考古意义的素材或遗构、铭文、洞窟及其他有特征的组合体。

建筑群。从历史、艺术或科学的角度看，在景观的建筑式样、同一性、场所性方面具有突出的普遍价值，由独立的或有关联的建筑物组成的建筑群。

古迹遗址。从历史、美学、人种学或人类学的角度看，具有突出的普遍价值的人工物或人与自然的共同创造物和地区（包括考古遗址）。

自然遗产包括：

从美学或科学的角度看，具有突出的普遍价值的由自然和生物结构或这类结构群所组成的自然面貌。

从科学或保护的角度看，具有突出的普遍价值的地质、自然地理结构以及明确划定过的濒临危机的动植物物种生境区。

从科学、保护或自然美的角度看，具有突出的普遍价值的天然名胜或明确划定的自然区域。

值得关注的列入《世界遗产名录》的各项遗产，应符合以下要求：

① 代表人类创造精神的杰作。

② 体现了在一段时期内或世界某一文化区域内重要的价值观交流，对建筑、技术、古迹艺术、城镇规划或景观设计的发展产生过重大影响。

③ 能为现存的或已消逝的文明或文化传统提供独特的或至少是特殊的见证。

④ 一种建筑或建筑群、技术整体或景观的杰出范例，展现历史上的重要发展阶段。

⑤ 是传统人类聚居、土地使用或海洋开发的杰出范例，代表一种（或几种）文化或者人类与环境的相互作用，特别是由于不可扭转的变化的影响而脆弱易损。

⑥ 与具有突出的普遍意义的事件、文化传统、观点、信仰、艺术作品或文学作品有直接或实质的联系（委员会认为本标准最好与其他标准一起使用）。

⑦ 奇妙的自然现象或具有罕见自然美的地区。

⑧ 地球演化史中重要阶段的突出例证，包括生命记载和地貌演变中的地质发展过程或显著的地质或地貌特征。

⑨ 突出代表了陆地、淡水、海岸和海洋生态系统及动植物群落演变、发展的生态和生理过程。

⑩ 生物多样性原地保护的最重要的自然栖息地，包括从科学或保护角度具有突出的普遍价值的濒危物种栖息地。这些内容为城市遗产保护奠定了科学基础。

第三节　我国的历史文化名城保护体系

《文物保护法》将历史文化名城定义为：“保存文物特别丰富，具有重大历史价值和革命意义的城市。”应该指出，“历史文化名城”这一概念是作为我国对文化遗产传承方式和政府的保护策略而提出的，具有明显的中国特色和实践意义。

随着经济的迅猛发展，我国的城市进入了快速建设阶段。新区建设、旧城改造和更新等导致城市传统风貌、历史景观遭到破坏，使我国城市遗产保护处于更为艰难的环境与阶段。

1982 年国家出台《关于保护我国历史文化名城的请示的通知》，公布北京等 24 座城市为首批国家历史文化名城，1986 年公布了第二批 38 座国家历史文化名城，1994 年再次公布了 37 座国家历史文化名城。后来又陆续增补 12 座城市，共计 111 座历史文化名城，之后国务院公布了《历史文化名城名镇名村保护条例》。

历史文化名城保护经过几十年的发展，基本形成了以历史文化名城保护为重要内容、与文物保护制度相结合的城市遗产保护体系。

历史文化名城是由国家（或省级人民政府）确认的、具有法定保护意义的历史城市；需要建立完整的历史文化保护体系，将保护纳入城市建设过程之中，在城市总体规划中制订专项保护规划，体现城市文化遗产保护的精神。

一　历史名城的保护内容与规划重点。

2005年实施的国家标准《历史文化名城保护规划规范》是为确保我国文化遗产得到切实的保护，使文化遗产的保护规划及其实施管理工作科学、合理、有效地进行而制定的适用于历史文化名城、历史文化街区和文物保护单位的保护规划的技术性规范。该规范为名城保护规划的编制修订以及名城保护规划的审批工作提供了依据。对确保保护规划的科学合理和可操作性，对各地制订相应的保护政策和实施措施，具有规范指导作用。

城市文化遗产保护不只是单纯的文物古迹保护，历史文化名城保护的内容有两个方面，即物质性的和非物质性的。在物质性要素方面主要包括：历史城区的格局风貌和景观风貌；与名城历史发展和文化传统相关的自然环境景观；体现名城特征与风貌的历史地段和历史建筑群；历史村镇。非物质性的包括民俗、民间工艺、节庆活动、传统风俗等。

保护规划的主要内容应包括：

① 制定历史文化名城的保护原则、保护内容和保护重点。

② 合理确定历史城区的保护范围，制定保持、延续古城格局和传统风貌的总体策略与保护措施。

③ 合理划定历史文化街区的核心保护范围和建设控制地带，制定相应的保护措施、开发强度和建设控制要求。

④ 确认需要保护的对象，包括传统民居以及近现代建筑等历史建筑。

⑤ 制定保护规划分期实施方案，确定对影响名城历史风貌实施整治的重点地段，包括需要整治、改造的建筑、街巷和地区等。

名城保护规划应从城市总体发展的高度采取战略性措施，为名城的保护创造条件。历史文化名城这一概念本身即反映了城市的特定性质，保护作为一种总的指导思想和原则，应在城市总体规划中得到充分体现。保护还包括城市历史环境的整体保护，历史城区空间格局的保护，城市布局的适度调整，历史城区周边环境的控制以及历史城区的建筑高度控制等。

二　历史文化街区保护规划

历史文化街区，是指保存文物特别丰富，历史建筑集中成片，能够较完整和真实地体现传统格局和历史风貌，并具有一定规模的区域。历史文化街区是历史文化名城特色与风貌的重要组成部分。历史文化街区的保护是为了在整体上保持和延续名城传统风貌。

历史文化街区的保护内容包括建筑、街巷等公共和半公共空间及其界面，私密和半私密性院落，围墙、门楼、过街楼、牌坊、植物、铺地、河道和水体等构成历史风貌特色的物质要素。一般可归纳为建筑保护、街巷格局、空间肌理及景观界面保持等三方面的内容。

三　历史建筑的保护利用

在《历史文化名城名镇名村保护条例》的相关条款中明确了历史建筑保护的措施要求。历史建筑的利用原则，包括保护与利用相结合，尽可能保持原功能，应与恢复周边地段活力相结合以及应合理利用文物建筑。历史建筑的利用方式，包括保持原有的用途、改变原有的用途以及留作城市景观标志。

四　城市更新

也可以称为城市的“新陈代谢”。它是一种将城市中已经不适应现代城市社会生活的地区做必要的、有计划的改建活动。城市更新的方式可分为再开发、整治改善及保护三种。再开发或重建，是将城市土地上的建筑予以拆除，并对土地进行与城市发展相适应的新的合理使用。整治改善是对建筑物的全部或一部分予以改造或更新设施，使其能够继续使用。保护，是对仍适合于继续使用的建筑，通过修缮、修整等活动，使其继续保持或改善现有的状况。

第四节　城市遗产保护案例研究——北京牌坊和牌楼的保护、恢复与增建

北京是我国历史上牌坊、牌楼设置最多的城市，研究其历史变迁及保护、恢复、增建问题，不仅涉及北京城市的牌坊、牌楼景观文化保护、恢复及发展问题，也是我国历史城市和现代城市需要研究的问题。因为牌坊、牌楼是我国景观艺术设计与创作独一无二的文化符号。如何对待该非物质文化遗产，对待这个特有的中国文化景观类型，是我们必须面对的一个问题，也是一种责任和使命。

新中国成立初期，北京牌坊、牌楼的存废引发了争论，双方思考角度差异巨大：主张

图 6-4　中山公园社稷坛牌坊

图 6-5　北海公园牌楼

拆除者认为牌坊、牌楼影响交通且封建落后；主张保存者认为牌坊、牌楼是构成北京城古老街道的独特景观，类似于西方都市街道中的雕塑、凯旋门和方尖碑，可以用建设交通环岛等方式合理规划，加以保留。最终，因持拆除意见者掌有决策能力，致使大量牌坊、牌楼景观遭到拆除和破坏。

北京的牌坊、牌楼凝聚了中国古代建筑艺术与工艺的精华，具有丰富的文化内涵。到1949 年，北京牌楼已有五六百年的历史了，当时，由于认识的片面性导致了大量牌坊、牌楼文化遗产的破坏，造成了难以弥补的损失。今天，我们面临着中国及北京牌坊、牌楼景观的保护、恢复与增建等诸多问题。牌坊、牌楼的保护与恢复是对已有物质和非物质文化遗产价值的尊重与回归，但对牌坊、牌楼的增建与创新将面临更大挑战。

一　牌坊和牌楼的概念、历史、功能与类型

1. 概念

牌坊和牌楼二词现在已通用，但是严格地说两者仍有区别。在单排立柱上加额枋等构件而不加屋顶的称为牌坊（见图 6-4），有屋顶的则称为牌楼（见图 6-5）。牌坊牌楼是一种起划分或控制作用的景观类型。古代叫绅楔、坊楔。上刻题字。

2. 历史

牌坊牌楼由衡门与乌头门发展而来。衡门即在两根柱子上端加横木而成。乌头门是在两柱之上以横木相贯，因此，牌坊有柱出头和柱不出头之分，柱不出头的牌坊也叫棂星门。

在古代城市中，大量存在里坊之门，称为“闾”。中国古代有“表闾”的制度，就是把各种功臣的姓名及事迹刻于石上，置于闾门以表彰他们的功德。这种闾门上往往都书写

着里坊的名称，而且按表闾的制度，将表彰事迹书写于木牌，悬挂在门上。后来这种牌坊模仿木构建筑，形式日趋华丽，加了屋顶和各种装饰，所以又俗称为“牌楼”。

北宋中期里坊制度废除，改用牌坊代替坊门。

3. 功能与价值

（1）功能

牌坊牌楼均起源于门，不仅有门的功能，而且结合雕刻、书画、文学，而有标识、纪念、装饰、旌表和空间分界等功能。

牌坊牌楼的来源与古代坊门表彰人或事有关。牌楼建立于离宫、苑囿、寺观、陵墓等大型建筑群的入口处时，形制的级别较高，屋顶常用庑殿顶或歇山顶；冲天牌楼多建立在城镇街衢的要处，如大路的起点、十字路口、桥两端及商店门面，形制的等级较低，屋顶多为悬山顶。前者成为建筑群的前奏，造成庄严、肃穆、深邃的气氛，对主体建筑起陪衬作用；后者则可以起丰富街景、标志位置的作用。江南有些城镇中有跨街一连建造多座牌坊的，多为“旌表功名”或“表彰节孝”。山林风景区也多在山道上建牌坊，既是寺观的前奏，又是山路进程的标志。

（2）价值

牌坊牌楼的文化价值十分丰富，体现在以下几个方面。

一是体现社会价值取向。牌坊牌楼体现了中国古代传统社会人们的人生理想及古代的封建礼制和传统道德观念。如“学优则仕”“光宗耀祖”“流芳百世”“名垂千秋”，还有“贞节牌坊”“烈女牌坊”和“孝子牌坊”等。

二是展示社会民风与民俗。立牌坊牌楼是我国古代社会的一种重要的民风民俗，而牌坊牌楼本身也是古代民风民俗的一种重要载体。如我国古代民间历来崇敬关羽，将他尊为“帝、圣、神”。这在建于清乾隆年间的河南开封山陕甘会馆北大殿前的大牌楼上得到充分展现。古人立牌坊牌楼是一件极其隆重的事，是人类情感的一种物化与寄托。

三是体现综合性艺术特征。牌坊牌楼是中国古代城市、建筑、雕刻艺术的完美结合，以它独特的非物质文化遗产价值，为世人瞩目。

四是创造了独特和强烈的符号。牌坊牌楼记载着重要的历史事实。绵延千年的牌坊牌楼为纪念重大历史事件和重要历史人物而立，如同一部凝重的历史教科书，成为我国一些重大历史事件和重要历史人物生平的见证。

因其悠久历史、丰富内涵和独特的审美价值，在世界各地，人们都以牌坊牌楼这一形象化的标志，来象征和代表中华文明和历史悠久的中国。

4. 类型

牌坊牌楼可按形式、材料和结构加以分类。

依据形式可分为两类。一类叫“冲天式”，也叫“柱出头”式。顾名思义，这类牌楼的间柱是高出明楼楼顶的；另一类是“不出头”式，这类牌楼的最高峰是明楼的正脊。如果分得再细一些，可以每座牌楼的间数和楼数的多少为依据。无论柱出头或不出头，均有“一间二柱”“三间四柱”“五间六柱”等形式。顶上的楼数，则有一楼、三楼、五楼、七楼、九楼等形式。在北京的牌楼中，规模最大的是“五间六柱十一楼”。宫苑之内的牌楼大多是不出头式，而街道上的牌楼则大多是冲天式。

依据材料可分为五类。第一类是木牌楼，这类牌楼数量最多。木牌楼是所有牌楼最初的也是最基本的形式，其装饰集中在屋顶和檐下的梁枋斗拱上。虽然木牌楼加工制作方便，但一经风吹雨淋，极易受到腐蚀。第二类是石牌楼，多为单色的石料筑成，所以它的装饰艺术主要通过雕刻手段加以体现。这类牌楼以景园、街道、陵墓前为多。第三类是琉璃牌楼，这类牌楼多用于佛寺建筑群内。它的结构在石基础上筑砌6~8尺的砖壁，壁内安喇叭柱、万年枋为骨架。砖壁上辟圆券门三个，壁下为青、白石须弥座，座上雕刻着各种风格的艺术图案。第四类是彩牌楼，这是一种临时性的装饰物，多用于大会、庙市、集市的入口处，会期结束即拆除。一般用杉杆、竹竿、木板搭成。第五类是水泥牌楼，这是近现代建筑技术的产物。大多数是用于古牌楼的搬迁、加固工程和新建牌坊牌楼。

依据结构按结构可以分为：一间二柱一楼、一间二柱二楼、三间四柱三楼、三间四柱七楼、三间四柱九楼、五间六柱五楼、五间六柱十一楼等。间是指柱与柱之间的通道。

另外，依据其设置环境不同，还可分为街巷道路牌楼、庙宇衙署牌楼、陵墓祠堂牌楼、桥梁津渡牌楼、风景园林牌楼等。

二　北京牌坊牌楼的保护、恢复和增建

1. 保护

北京旧城牌坊牌楼始建于元代，主要发展于明清时期。现今的旧城部分保持了清末民初的牌坊牌楼设置格局与风貌，具有极高的历史文化价值。

北京明清旧城及皇城、宫殿、衙署、坛庙建筑群、皇家园林中大量使用牌坊牌楼，具有纪念、表彰、分界等主要功能。

（1）保护的意义

北京牌坊牌楼的保护意义主要体现在以下四个方面。一是唯一性，北京拥有我国现存

唯一的、规模最大、最完整而丰富的牌坊牌楼体系，是北京旧城传统景观风貌的精华组成部分；二是完整性，旧城以内有序分布着皇家宫殿园囿、御用坛庙、衙署库坊等设施，呈现出为封建帝王服务的完整理念和功能布局；三是真实性，旧城中牌坊牌楼在紫禁城、筒子河、三海、太庙、社稷坛和部分御用坛庙、衙署库坊、四合院等中均有设置并至今保存较好，真实地反映了旧城的历史信息；四是艺术性，牌坊牌楼在规划布局、造型形态、建造技术、色彩运用等方面具有极高的艺术性，反映了中国最具有特色的文化景观。北京牌坊牌楼的文化价值和文物价值具有无可替代性。它的保护完全可以依照世界文化遗产级、国家级、市级、区县级来制定保护名单。

（2）保护的类型

文物类牌坊牌楼，指国家级、市级、区级以及普查登记在册的文物，这类牌坊牌楼必须严格按照国家或北京市文物保护的相关法规进行保护和管理。

保护类牌坊牌楼，指有一定历史文化价值的牌坊牌楼，应参照国家或北京市文物保护的相关法规进行保护和管理，以修缮、维护为主。

改善类牌坊牌楼，指街坊中的一般牌坊牌楼，应以修缮和按原貌翻建为主，应保持牌坊牌楼的历史特征。

保留类牌坊牌楼，指街坊中和传统风貌较协调的新牌坊牌楼，大部分为新建的仿明清牌坊牌楼，与传统风貌较协调，应予以保留。

更新类牌坊牌楼，指牌坊牌楼质量差又没有传统风貌特征，并具有破坏作用的牌坊牌楼，对其可采用改造的方式，恢复传统牌坊牌楼的形态。

（3）保护体系

北京牌坊牌楼应依据整体格局和体系进行保护，将各个历史时期的重点牌坊牌楼列为重点保护目标，划定保护范围与重点，它们体现在轴线、道路、桥梁、街巷胡同体系及广场等地。

明确旧城牌坊牌楼保护的性质，以皇家宫殿牌坊牌楼、坛庙牌坊牌楼、皇家园林牌坊牌楼，胡同街巷牌坊牌楼保护为基础，以节点作为重点，强化旧城文化特色的景观符号。

通过牌坊牌楼保护与旧城道路网进行有机整体规划，旧城区内的交通出行必须采取以公共交通为主的方式，旧城的公共交通完善为恢复牌坊牌楼提供空间条件和保障。

（4）保护措施

除政府财政投入外，应多渠道筹集资金，初步建立历史名城牌坊牌楼保护资金保障机制，探索牌坊牌楼保护、维修、整治、利用的有效途径，加强牌坊牌楼继承和发扬名城传统风貌和文化特色的研究。

正确处理牌坊牌楼的保护与现代化建设的关系，旧城内的新牌坊牌楼要服从保护的要求，保证旧城整体风貌的延续与发展。

牌坊牌楼的整体保护，要坚持最大限度保存真实历史信息的原则。

2. 恢复

恢复牌坊牌楼，可以强化其边界作用和功能，强化其景观作用。

北京牌坊牌楼的恢复方式包括原址恢复、异地恢复、调整性恢复。

恢复的目标为“整体化、多层次、分类型与重点”相结合。“整体化”是恢复其在城市空间关系中的整体控制作用和景观象征功能的秩序性与丰富性。“多层次”是指包括点状层次恢复与增建——牌坊牌楼的单体，线状层次恢复与增建——牌坊牌楼的组对，面状层次恢复与增建——牌坊牌楼的系统。

恢复的分类与重点：参照北京历史文化名城保护相关办法，将牌坊牌楼按照六个类型分类——文物类牌坊牌楼，保护类牌坊牌楼，改善类牌坊牌楼，保留类牌坊牌楼，更新类牌坊牌楼，整饰类牌坊牌楼。依此来制定北京牌坊牌楼恢复的重点与地区。

3. 增建

中国牌坊牌楼既是历史形态，也是不断发展的。北京城市历史地段保护，需要牌坊牌楼的保护与恢复；北京城市创新地段发展同样也需要继续发扬牌坊牌楼文化类型的传统；同时，更加需要现代化环境与牌坊牌楼有机结合，增加其地域文化特色；还要不断创新以适应环境功能变化、社会审美变化，在北京增建的牌坊牌楼中充分反映了这一特点。

北京增建的牌坊牌楼中，虽然有照搬照抄传统式样的牌坊牌楼，但也有不少创新探索，说明人们的创造力是无限的。

牌坊牌楼的增建，体现了它在现代城市环境建设中仍然具有旺盛生命力。增建不仅要依据古代经典作品式样，也应融入现代审美意识。现在很多增建创新类型的牌坊牌楼存在不少问题，这需要加以引导。

三　北京牌坊牌楼保护的内容

1. 历史规模

北京有据可考的牌楼有 300 多座。多为街道、重要建筑的装饰物。北京的牌楼起自元代，明、清都有发展。元大都的街道胡同都是按坊建制，明清沿用。坊为居住的基本单位，基本是一个方块区域，元时京城有 50 坊，明代、清代都是 36 坊。为便于管理，一坊建一座牌坊，坊是街道的标志。明代京城九门外都有牌楼,《日下旧闻考》记载，正统四年“修造京师门楼城濠桥闸完。正阳门正楼一，月城中左右楼各一，崇文、宣武、朝阳、阜成、东直、西直、安定、德胜八门各正楼一，月城楼一。各门外立牌楼”。20 世纪 50 年代初期尚存正阳门、朝阳门、阜成门牌楼。

2. 现存保护资源的调研

调研内容包括北京旧城范围内世界文化遗产级的牌坊牌楼有多少处，国家级的有多少处，市级的有多少处，区级的有多少处，总计多少处。旧城范围外的牌坊牌楼有多少处以及辖十个远郊区县总计有多少处。

调研明清北京牌坊牌楼的现存数量。北京现存明清时期的牌楼有 65 座，其中有琉璃砖牌楼 6 座、木牌楼 42 座、石牌楼 17 座。

现存街道上的牌楼有 6 座，国子监有 4 座牌楼、朝外神路街东岳庙前有琉璃砖牌楼、颐和园东门外有牌楼。

明清的牌楼大多集中在皇家园林和寺庙之中。如北海公园、颐和园、香山公园以及碧云寺、卧佛寺、潭柘寺、戒台寺、地坛、雍和宫、居庸关等处均有牌楼。北京城区除了东单、西单、东四、西四之外，还有东长安街牌楼、西长安街牌楼、正阳门大街五牌楼、东交民巷牌楼、西交民巷牌楼、羊市大街帝王庙牌楼、景山前街大高殿牌楼、北海大桥金鳌、玉蝀牌楼等。

坛庙、苑囿、寺观、陵墓也有不少牌楼，数量规模应以百计。可是，现在北京的牌坊牌楼除了国子监成贤街和朝阳门外神路街上还有几座之外，其余的均被破坏。

3. 北京牌坊牌楼的破坏与幸存

北京牌坊牌楼无论在数量方面还是质量方面，在全国都堪称第一。在新中国成立之初和“文革”中，大量的牌坊牌楼年久失修而毁，多数被认定为“封建”文化而遭到破坏，有的牌坊牌楼以妨碍交通为名遭到拆除。

新中国成立后，北京拆除的具有代表性的牌坊牌楼，第一个是东单、东四与西单和西四牌楼群。北京旧城东、西城区中心的十字路口各建有四座牌楼，作为地区的标志，西单牌楼匾额上书“瞻云”两字，与东单牌楼的“就日”相对，意为东边看日出，西边望彩云。东四牌楼和西四牌楼是东、西城两组式样相同的八个牌楼，南北向坊额为“履仁”“行义”或“履义”“行仁”。牌楼现无存，只留下东四、西四之地名。第二个是东西长安街牌楼。它们为晚清时建的形式相同的两座牌楼，均为三间四柱三楼冲天式，一个在东长安街王府井南口西侧，另一个在西长安街新华门以西的地方。坊额均题有“长安街”书法的匾额。1954 年迁建于陶然亭公园等处。

北京牌坊牌楼幸存的尚有：戒台寺石坊、田义墓牌楼、碧云寺牌楼、云居寺牌楼、玉泉山石牌坊、东岳庙牌楼、安定门西黄寺汉白玉牌坊、颐和园东宫门前牌楼、国子监街牌楼以及桥式牌坊牌楼等。

四　北京牌坊牌楼的恢复

1. 北京恢复的牌坊牌楼

① 地坛门前牌楼。它始建于明代嘉靖九年，为三间四柱七楼石牌坊，又称“泰折街”牌坊。清代雍正二年改称为“广厚街”牌坊，乾隆三十七年重建时，改为三间四柱木牌楼，匾额横书“广厚街”，上覆绿色琉璃瓦，每柱各有斜戗杆支撑，外有朱红栅栏杆，总长 82 米左右，1953 年拆除。1990 年按清代形制复建。

② 前门五牌楼。前门大街的牌楼俗称“五牌楼”，为六柱五间五楼十二戗杆牌楼。新中国成立初牌楼后是护城河，河上有正阳桥，五牌楼的匾额上书有“正阳桥”三个字，应属于桥牌楼类型。民国时为通有轨电车，各种牌楼全部改为水泥梁柱，牌楼戗杆也同时撤除。新中国成立后，“前门五牌楼”因为影响交通还是被拆除了。2001 年重修的前门牌楼，为了满足城市交通的发展要求，改成了两柱大跨度五牌楼，其宽度为 22 米，高 14.95 米。

③ 苏州街的牌楼群。苏州街在乾隆年间称买卖街，1860 年被英法联军焚毁，1990 年在原址上复建而成。在 60 多个铺面中，分别设有茶馆、酒楼等各种店铺，且以清代式样为主，它展现了 18 世纪中国的商业文化特色。苏州街全长 300 余米，一水两街，沿岸作市，门脸林立共有冲天柱牌楼 19 座，这种清式门脸式牌楼的楼柱比一般的牌楼要高许多。这是缘于“风水柱”的说法，哪家的柱子高，哪家就能接天之力发财，但这些柱子的实际用途是做广告的。

④ 潭柘寺牌楼。是“文革”之后第一座被修复的牌楼。

⑤ 隆福寺前的“第一丛林”牌楼。它是明景泰四年（1453）建的，后来因说有伤风水，将牌楼拆去。清雍正元年（1723）重修隆福寺，没有再建牌楼。光绪二十七年（1910）隆福寺毁于大火后又重修。新中国成立后拆除寺庙修建市场，但也没有建牌楼。1993年8月火灾后，新建的隆福大厦不仅建了门脸牌楼，还修建了街牌楼和正门仿石牌楼。

⑥ 景山过街牌楼。景山前街西的路北有大高殿，大高玄殿前原有三座牌楼，左右两座为过街牌楼，建于明靖嘉二十一年（1542）。之后重修时增建了南面的正牌楼，三座牌楼

均为三间四柱九楼庑殿顶式，中间的牌楼在 1917 年因倾斜而拆除。1983 年在此地建了一座“三间四柱冲天式”新牌楼，高 8.8 米，它是新中国成立后新建的很著名的牌楼。

⑦ 北京中山公园“保卫和平”牌楼。它原来建在东单北面的总布胡同西口，1902 年 12 月 20 日建成，原名为“克林德纪念坊”，是清政府为讨好洋人，纪念被击毙的德国公使克林德而建。1918 年 11 月拆除，1919 年移入中山公园，后改名为“公理战胜坊”。新中国成立后，由郭沫若题字将此牌坊再次改名为“保卫和平”坊。

2. 北京未恢复的牌坊牌楼举例

① 密云文庙牌楼。位于县城内鼓楼东大街。元代始建，占地 4000 多平方米，坐北朝南。牌楼为四柱三间棂星门式。牌楼三个门，东为金声门，西为玉振门。门内有“泮池”，池上有两座并列的小石桥。

② 圆明园牌楼。清代皇家御苑的圆明三园，据史料记载圆明园共有各式牌楼十一座。

五　北京牌坊牌楼的增建

1. 北京牌坊牌楼增建存在的问题

（1）“假古董”泛滥成灾

各地粗制滥造、假古董泛滥，仿古牌坊牌楼随处可见，这种“假古董”现象，不能够准确体现中国传统牌坊牌楼的艺术面貌，会造成对牌坊牌楼文化形态认识的曲解，使人们对其产生反感。

（2）粗制滥造现象普遍

由于对牌坊牌楼认识的不同，设置位置不当，使用不够严谨，设计质量低劣，再加上投入不足，工艺制作水平差，导致牌坊牌楼精神文化象征符号的艺术表现力和感染力大大降低。

2. 北京牌坊牌楼的增建类型与状况

（1）增建类型

北京牌坊牌楼的增建应本着继承与创新相结合的原则，可归纳为四个类型：第一为恢复型的；第二为仿古型的；第三为延伸型的；第四为创新型的。不论何种类型，都应把精到设计和精湛工艺相结合，创作出既具有一定审美高度的，又符合时代特色的牌坊牌楼景观艺术。

（2）增建状况

北京牌坊牌楼增建呈现出杂乱纷呈的局面，增建的牌坊牌楼与现代环境功能之间的矛盾日益凸显。如北京机场高速路收费站，是十二柱十五间四楼仿木结构，它大量使用传统牌楼元素，具有牌坊牌楼的文化特色，又能够结合现代使用功能，但结合得有些生硬，高速路的尺度与牌坊牌楼原有的精致美之间存在脱节。

增建的牌坊牌楼有天竺街口琉璃牌楼，是四柱六楼仿琉璃牌楼；隆福广场的四柱三楼仿石牌坊，设置于隆福广场大楼前；良乡街口仿阙式牌楼，它以古朴雄伟的姿态，分列在街道的两旁，互为呼应；长安大戏院牌楼，以简洁形式设置于现代建筑环境之中；北京中医药大学门前牌楼，为无斗拱彩绘；报国寺文化市场牌楼，该牌楼显得粗糙、简单；全聚德烤鸭店的门脸牌楼，与现代化建筑融为一体，体现了京味文化；建国门外华侨村牌楼，采用两柱三间三楼垂花仿木牌楼样式，与现代建筑有机结合，形成中国文化特色；“金台夕照”牌楼，位于朝阳区的金台路。古人列它为八景之一是因唐朝大诗人陈子昂曾在此赋诗，来歌颂战国燕昭王“招贤纳士、富国强兵”的伟绩，所以“金台夕照”牌楼增置有怀古慕贤之意。为金台路增添了新的人文景观，强化和丰富了北京的城市景观特色。

门脸式牌坊牌楼的增建也为数不少。如琉璃厂西街的一座书画社的牌楼就很有特色，它是八柱七间八字形的门脸式牌楼，打破了牌楼的一贯式样，呈“八”字形设计，雕梁画栋，造型奇特，十分精美。又如王府饭店牌楼。改革开放时期，门脸式牌楼打破了所有的清规戒律，王府饭店是第一个在饭店门前设置牌楼的。再如翠宫饭店的大牌楼，它为两冲天柱单间三楼带垂莲的仿木牌楼，牌楼贴墙而立，既加大了风荷载，又免去了背面全部的工程量。此牌楼设计构思巧妙，继承了传统又有所发展。匾额为蓝地金字，由大书法家启功题写。牌楼总高 13 米，总宽 15 米。是北京目前最大的冲天柱带垂莲的仿木大牌楼。

石质牌坊牌楼的增建数量增长较大。如京西龙门涧的仿古牌楼是较为突出的一座仿古石牌楼。这座牌楼是纯汉白玉雅刻而成的，造型也有所创新，柱顶没有石兽而是莲座。中间的匾额题字为“龙门涧”，左右小匾为“思源”和“浩浦”。牌楼前还有汉白玉华表和石狮。由于石坊的巨大石材造价太高，目前北京增置的石牌楼，大部分是钢筋混凝土结构外贴各种石片而建的仿石牌楼。

郊县乡村自建牌坊牌楼发展很快。改革开放以来，北京乡村文化回归传统，积极自发地在乡村修建各式各样的牌坊牌楼。如顺义区杨镇仿木大牌楼。

自建的牌楼大致有四种：复古式牌坊牌楼、继承式牌楼、创新式牌楼，以及简易牌坊牌楼。如平谷鱼子山村牌楼，平谷京东大峡谷牌楼，昌平野鸭湖牌楼，房山太平庄牌楼，房山南关村牌楼，房山仙峰谷牌楼，房山万景仙沟牌楼，房山石花洞牌楼，怀柔二道关牌楼，昌平南口镇的微缩景园牌楼等。

北京牌坊牌楼的保护、恢复与增建研究涉及范围十分广泛，但关注中国这个独一无二的景观艺术文化类型的保护、恢复与发展既是景观艺术设计与创作领域研究的重要课题，也是物质与非物质文化遗产保护、城市规划等领域研究的课题。它涉及对这一景观文化现象的再认识、再利用与再发展的思考，既是设计师们关心的问题，也是政府主管部门关注的问题。

第七章

城市艺术设计与景观设计

城市艺术设计属于人工景观范畴（见图7-1），是景观设计的“半壁江山”，景观设计的另一半是自然景观（见图7-2）。所以城市艺术设计是以研究城市景观为主体。由于景观设计的内涵与外延既深又广，所以景观有广义与狭义之别。这样分类，可使不同类型的景观研究层次、方法、目标更为明确，可以减少概念混淆而造成的困扰。

第一节　广义和狭义的景观设计

目前景观一词的使用量之大是前所未有的，景观概念在当今时代的内涵和外延的变化和发展是空前的。它包含了更加丰富的内容，也为使用和理解这个概念增加了不少困难。但同时也为我们研究其概念的内涵和外延提供了一个积极的空间，这也是提出广义和狭义的景观艺术设计学概念的基础。

探讨景观设计的概念范围、内容、目标和工作方法特征，进行广义和狭义的界定是由于景观概念的混乱和模糊，产生混乱和模糊一方面说明其内涵和外延的变化发展；另一方面则表现出我国目前景观设计学科缺乏整合，呈现各自为战的局面。

应当说在国内一提及景观设计专业，首先想到的是园林专业，这是由于这个概念与狭义景观艺术设计学相联系的惯性使然。然而景观的概念更为广泛，尤其是城市景观这个巨大系统中包含的景观功能和特征是狭义景观艺术设计学无法涵盖的。

图 7-1　人工景观
它的主体和重点是城市景观。优美的瑞典斯德哥尔摩市，体现了人类的创造力。

图 7-2　自然景观
自然景观是广义景观艺术设计的重要内容，是自然美的重要载体，人类对自然景观只有顺应、尊重与保护。

以风景园林学为代表的狭义景观艺术设计学，发展历史悠久，形态系统成熟，但范围狭窄。尽管经历了古典园林时期到公园时期再到城市公共绿地概念的过程与阶段，但由于它的方法和目标局限，它能够覆盖的范围必定是有限的，所以将其归为狭义景观艺术设计学的范围。

随着景观概念使用外延的扩大，尤其在城市规划、建筑设计和环境艺术设计学科的发展中，景观概念普遍使用，城市景观、建筑景观、照明景观、环境景观等与以风景园林为代表的狭义景观艺术设计学概念的交叉、交错，使人混乱。造成学科之间交流困难。所以很有必要对其概念进行界定，明确概念涵盖的内容与实质。

广义景观艺术设计学与狭义景观艺术设计学的内容、方法和目标存在巨大的差异。

作为学科发展的基础知识，知识结构，技能和能力的培养方法有很大差异，评价方法也不同。作为政府建设管理的目标和方法也存在比较大的差异。所以规范和界定概念是十分必要和紧迫的。

广义景观艺术设计学，应在继承狭义景观艺术设计学精神实质的基础上进行发展。但是广义景观艺术设计学的发展不仅需要吸收狭义景观艺术设计学的知识，同时还要向更多学科交叉，形成具有自身特点的综合性很强的学科。

发展广义景观艺术设计学是时代的需要，狭义景观艺术设计学的局限性主要反映为需求稀少、远离国情、体现传统生活方式、受众群少、时代特色弱化等问题。而广义景观艺术设计学具有拓展性和综合性、需求旺盛、符合国情、能够充分体现现代生活方式、受众群多、体现时代精神。

广义景观艺术设计学是创新的、发展的、综合的、交叉的学科，它涵盖自然和人工景观、硬质和软质景观的内容。狭义景观艺术设计学是传统的、稳定的、单一的学科，主要涵盖自然景观和软质景观的内容。

随着社会的发展，传统园林的需求量越来越少，我国人口压力巨大，居住空间紧张，营造住宅型园林的条件已不存在，它已不能适应大众的需要，之后被城市公园代替，随后城市公园又被公共开放空间所取代。

明确和建立广义和狭义的景观艺术设计学的概念对于高等院校的景观艺术设计学科建设和发展具有积极作用，同时为我国城市景观艺术设计建设和科学管理提供了理论基础。

明确和建立广义和狭义的景观艺术设计学概念，对于高等院校尤其是美术和艺术设计类院校的景观艺术设计学科发展和课程设置、培养目标和培养方法等方面将具有建设性意义。

明确和建立广义和狭义的景观艺术设计学概念，能有效厘清和整合城市景观建设目标和管理方法，并积极推进城市广义景观系统规划设计管理方法的建设。希望能够通过建立广义和狭义的景观艺术设计概念改变我国目前城市景观建设内容和目标模糊、管理系统混乱的局面。

第二节　宽泛的景观概念

景观是一个含义广泛的概念，其原意为风景、风景画、眼界等。在地理学、建筑学、园林学和日常生活中都经常使用，但在不同的范畴里，其含义又有所不同。

一　地理学的景观概念

在地理学中，对景观有以下几种理解：一是某一区域的综合特征，包括自然、经济、人文诸多方面；二是一般自然综合体；三是区域单位，相当于综合自然区划等级系统中最小一级的自然区；四是任何区域分类单位。从受人类开发利用和建设的角度，景观可以分为自然景观、园林景观、建筑景观、经济景观和文化景观。

二　景观学的概念

它是研究景观的形成、演变和特征的学科。景观学产生于19世纪后期至20世纪初期。德国的S.帕萨尔格曾经出版《景观学基础》和《比较景观学》两部书，提出了全球范围内景观分类和分级的原理和方法。他把景观视为一种相关要素的复合体，并认为景观的形成和变异主要受气候因子的影响。帕萨尔格还提出了城市景观的概念。苏联地理学家贝尔格认为自然地带及其景观是由相互联系和相互作用的自然要素组成的自然综合体。

20世纪中期以来，许多学者进行了景观学的研究，现代景观学研究向两个方向发展。一个方向是强调分析研究和综合研究相结合。分析研究通过对景观各个组成成分及其相关关系的研究去解释景观特征，综合研究则强调研究景观的整体特征。与这一研究方向相应的景观学相当于综合自然地理学。另一个方向是研究景观内部的土地结构，探讨如何合理开发利用、治理和保护景观。这一研究方向在苏联发展成为景观形态学，在中国则为土地类型学，美国、澳大利亚及欧洲国家的土地科学研究也接近这个方面。与这一研究方向相应的景观学着重于土地分级和土地类型的研究。

三　景观生态学的概念

它是通过景观的生物组成成分与非生物组成成分之间的相互作用，综合研究景观的内部功能、空间组织和发展规律的学科，又称为地理生态学，是地理学和生态学的交叉学科。它是景观开发利用、自然保护和资源管理的理论基础，广泛应用于资源开发与管理，及农业规划、城市规划和国土规划。

四　文化景观的概念

它是指自然风光、田野、建筑、村落、工业、城市、交通工具和道路以及人物等构成文化现象的复合体。文化景观是人类活动造成的景观，它反映文化体系的特征和一个地区的地理特征。“文化景观”的概念在20世纪20年代普遍应用。C.O.索尔在1925年发表的《景观的形态》中，认为文化景观是人类文化作用于自然景观的结果，主张用实际观察地面景观来研究地理特征，通过文化景观来研究文化地理。

文化景观的形成是一个长期的过程，每一个时代，人类都按照其文化标准对自然环境施加影响，并把它们改造成文化景观。由于民族的迁移，一个地区的文化景观往往不只是一个民族形成的。因此，美国地理学者D.S.惠特尔西在1929年提出“相继占用”的概念，主张用一个地区在历史上所遗留下来的不同文化特征来说明地区文化景观的历史演变。

文化景观的内容除了一些具体事物外，还有一种可以感觉到而难以表达出来的“气氛”，往往与宗教教义、社会观念和政治制度等因素有关，是一种抽象的观感。文化景观的这种特性可以明显反映在区域特征上。

五　自然景观和人工景观的概念

自然景观是指只受到人类间接、轻微或偶然影响而原有自然面貌未发生明显变化的景观，如极地、高山、大荒漠、大沼泽、热带雨林以及某些自然保护区。自然景观不包括经济、社会方面的特征。

人工景观是指受到人类直接影响和长期作用使自然面貌发生明显变化的景观，如城镇、乡村、工矿等，人工景观又称为文化景观。

六　硬质景观和软质景观的概念

硬质与软质景观之分是广义景观学的主要内容和分类。英国的 M. 盖奇等学者 1975 年在《城市硬质景观设计》一书中提出了硬质景观设计的概念。硬质景观是相对于植物的软质而言的。作为硬质景观设计的材料包括混凝土、石料、砖、金属等。

硬质景观的概念将传统景观设计仅仅限于或侧重于软质景观设计的范围加以扩大，建立了与软质景观系统相对应的硬质景观系统，形成了完整的景观设计系统。

硬质景观的主体是城市景观，适宜集会和停留活动，具有视觉感知和活动参与功能。

软质景观的主体是园林和绿化景观，不适宜参与活动，只具有视觉和生态感知功能。

第三节　广义的和狭义的景观艺术设计学

广义景观艺术设计学的内容主要包括地理景观、城市景观、建筑景观、园林绿化景观、艺术品和艺术化景观五个部分，侧重于硬质景观设计，软质景观是辅助。狭义景观艺术设计学的内容主要是传统园林学的内容，它侧重于自然景观、软质景观设计，硬质景观是辅助。

广义景观艺术设计学涵盖狭义景观艺术设计学的内容，但是狭义景观艺术设计学不能包含广义景观艺术设计学的内容。这是广义和狭义景观学最主要的区别。广义景观艺术设计的研究内容是景观，景观是研究对象、范围，而艺术设计是研究方法和角度。广义景观包括自然景观和人工景观两个基本内容。广义景观艺术设计学是运用艺术设计的方法和目标，进行自然景观和人工景观的艺术创作和设计。它包括两个主要部分，一是园林景观艺术规划设计；二是城市景观艺术设计。

一　狭义景观艺术设计学的内容

狭义景观艺术设计学是研究如何合理运用自然因素、生态因素和社会因素创建优美的、生态平衡的人类生活环境。它运用水、土、石、植物以及建筑物等要素创造游憩环境。在营建中通过改造地形、筑山叠石、引泉挖湖、造亭垒台和莳花植树并运用地貌学、生态学、园林植物学、美学以及土木建筑学的知识和方法创造宜人的游憩环境。

狭义景观艺术设计学主要是指园林学，园林景观设计包括传统私家和皇家园林、公园、城市绿地和风景名胜区景观规划。园林学包括传统园林学、园林历史、园林艺术、园林植物、园林工程和园林建筑等分支。

二　狭义景观艺术设计学发展的三大阶段

传统园林阶段、公园阶段和城市公共绿地阶段，这三个阶段是狭义景观艺术设计学的发展轨迹，它是一个由封闭转向开放，由服务于少数人转向服务于多数人的过程。

1. 传统园林阶段

主要以私家园林和皇家园林为主体，私家园林为代表。私家园林是指私人拥有的花园，它主要为家庭和个人服务，是传统园林中分布最广、数量最多、最具有代表性的（见 7-3）。皇家园林是为皇帝及其家族服务的园林，与私家园林相比，皇家园林分布范围要小。由于历史阶段、经济实力、学识修养、知识层次和审美情趣的差异，私家园林

图 7-3　江南园林

江南园林是狭义景观设计的主要内容，通过土石、水体、植物以及园林建筑构成中国园林基本内容。最初为少数人营造私园，是狭义景观第一阶段的表现。

呈现出千姿百态的面貌。私家园林多数与住宅府第相连，追求住宅和游赏功能的最佳结合，达到“游”与“居”的统一。私家园林占地较小，虽然“小”对造园不利，但是古代造园艺术家化不利为有利，在有限的空间内创造出无限的景象，追求“小中见大”，以“小”为美，如苏州的壶园、残粒园，北京的半亩园等均是“三五步，行遍天下；六七人，雄师百万”，以“小”取胜，以“少”取胜，形成“一以当十”的造园方法和原则。无论是用山水造园还是廊桥亭台，均以小巧为佳。私家园林的造园艺术家具有较高的文学修养，造园如作诗文，必使曲折有法为追求之境界。除此之外还有纪念园林、寺庙园林和名胜园林等。值得强调的是园林艺术化景观设计会借助诗、书、画等要素提升园林的艺术品质。

2. 公园阶段

公园最初的形态是将私家园林和皇家园林向公众开放。19 世纪中期，在欧洲和美国出现了经过设计的、专门供公众游览的近代公园，如 19 世纪 50 年代建造的美国纽约的中央公园，日本在明治维新后最早建立了大阪住吉公园，苏联在十月革命后建设了以高尔基命名的大型文化休息公园。中国在 19 世纪末相继建了一些公园，如 1897 年的齐齐哈尔龙沙公园，1909 年无锡的锡金公花园以及后来的广州越秀公园、中央公园，厦门的中山公园等。1949 年中华人民共和国成立后至 1984 年全国共有公园 900 多个。公园建设成为城市规划的重要组成部分并形成系统。公园的类型分为城市公园和自然公园两类，一般公园的概念是指城市公园，公园设计以游憩、观赏和环境保护等功能相结合。由于历史的局限性，很多公园不是完全开放的，随着社会的进步，公园的限制将逐渐取消至全部开放（见图 7-4）。

3. 城市公共绿地阶段

与城市功能相配合的公共开放空间中的一个要素就是公共绿地系统，这个系统是以绿地为主体，为无任何限制性要求的全方位开放系统，为人们提供城市共享的游憩、休憩活动空间，是现代城市景观构成系统的要素之一（图 7-5）。

三　广义景观艺术设计学的内容

广义景观艺术设计学的主要内容包括两个方面：一个方面是艺术化景观设计，另一个方面是艺术品景观创作。

1. 艺术化景观设计

所谓艺术化景观设计，是指这类景观设计结合使用功能的要求，将使用功能和艺术

图 7-4　公园

公园是公共人群使用的休憩和游玩环境，多为近代产物。也有将私家园林向公众开放的“公园”，它属于狭义景观的第二阶段。

图 7-5　开放绿地

开放绿地是指在城市环境中设置绿地，满足公共活动需要，它是现代城市休憩空间的需求体现，属于狭义景观第三阶段的产物。

设计相结合或对对象进行艺术化设计，使其增加艺术品质和艺术价值。它包括城市总体景观艺术化设计、城市中轴线景观艺术化设计、街道景观艺术化设计、广场景观艺术化设计、城市设施景观艺术化设计、城市色彩景观艺术化设计、城市绿化景观艺术化设计、城市照明景观艺术化设计、城市广告景观艺术化设计以及城市公共艺术品创作与设计等。不仅有景观设计各个层面的要素创新，还包括城市历史遗产的景观保护规划。

当然，狭义的古典园林景观设计，也是高度艺术化的景观设计产物，古典园林为了强化艺术化景观设计，借力于诗、书、画诸要素，因为诗、书法、绘画的艺术化程度最高，当然还有其他门类的艺术形态。

艺术化景观设计要结合使用功能，它又受到政治、经济、文化因素的影响，尤其是审美要求和判断的影响。同一个项目在实现景观艺术化设计时，可以设定不同的要求。

如广场设计，要依据功能定位、环境条件、投入程度，设定景观艺术化设计的程度。

有的广场作为具有使用功能的场地设计，满足使用要求就可以了。有的广场要求进行适当的艺术化设计处理。有的广场则要求艺术化设计程度比较高，强调广场的形象品质，要求具有较高的艺术性。

以北京西单文化广场改造为例，该项目初建时就有景观艺术化设计的要求，经过十年的审美判断是不及格的。政府又投入大量资金进行目前的二次改造，二次改造中一定有景观艺术化设计的目标和要求，结果会是怎样？我们期待着。这个项目作为城市景观设计的重要载体，除了具有广场的使用功能之外，还有城市的景观艺术化功能目标和要求。我国近十几年的广场设计数量不少，在广场景观艺术化设计的实践中成功的案例不多，值得思考。

2. 艺术品景观创作

所谓艺术品景观创作是指艺术品创作以它在城市公共环境中的景观作用为创作目标，不具有使用功能方面的要求。如美籍保加利亚地景艺术家克里斯托夫妇的包裹艺术，代表作有《被包裹的国会大厦》和《连续的围栏》等，还有大地艺术家罗伯特·史密森的《螺旋形防波堤》等作品。艺术品景观包括公共艺术、雕塑、景观门等，它们仅是具有艺术功能的景观作品。这一类型的景观创作与设计是美术院校的研究重点方向之一。

城市艺术品景观创作和城市艺术化景观设计的成果是国家软实力的体现。

广义景观艺术设计学中的艺术化景观设计和艺术品景观创作属于人文社会科学的范畴，但是又要依赖技术科学的支持。所以在广义景观艺术设计作品中必然产生评价不一的状况，中外皆有。

北京这几年建设的具有高度艺术化的景观设计的项目不少，如国家大剧院、中央电视台新主楼以及鸟巢等，争论也不少，这是它的艺术化特性所致。

为了有力地进行艺术品景观创作和艺术化景观设计，我们美术院校的景观艺术设计学必须了解和掌握地理学、城市规划原理、场地设计与景观工程和技术等知识，作为支撑广义景观艺术设计学学科的基础，强化景观艺术设计学自身的艺术创作能力和实践能力。

地理学层面的景观研究，城市规划层面的景观规划与设计、建筑设计层面的景观设计、风景园林层面的景观设计等学科均有其优势和局限性。我国美术院校的景观艺术设计也是一样，如何建构和发挥美术院校景观艺术设计学的优势，减少局限性的负面影响，综合发挥作用，这是很值得我们思考的问题。

近十年来，笔者进行了多项体现广义景观艺术设计学概念的设计研究，包括以艺术化景观设计方法完成的《2004年北京城市总体规划修编·北京城市艺术设计发展战略研究》课题，提出北京城市“米”字形中轴线的概念和北京广场群等概念；完成北京城市形象课题研究；提出“优先规划北京旧城公共空间”等；以艺术品景观创作方式完成中国北京2008城市标志概念性设计国际竞赛参赛作品“开放之门”；1999年和2006年出版了《环境景观设计》第一版和第二版，为建立广义景观艺术设计学探索奠定基础。

四　广义景观艺术设计学面临的问题

一是在综合、交叉学科基础上发展广义景观艺术设计学，强调自身特色，但面临各个学科割据的状态，整合难度大，认同感弱。

二是美术院校培养的景观艺术设计人才归口、对应性差，与狭义景观艺术设计学体系的人才在学科概念认知上有错位感。

三是政府的景观规划、设计和建设管理滞后，还沿用狭义景观艺术设计学的风景园林学概念作为景观设计主体。

第四节　中外景观设计学的研究状况

近十年国内景观设计学基本以吸收国外经验为主，部分景观设计研究停留在风景建筑学范畴和园林学范畴内。美术院校异军突起开展广义景观设计研究，尚处于探索初期。

美国学者约翰·O. 西蒙兹的专著《景观设计学——场地规划与设计手册》通过景观的基础知识、气候、土地、水、植物、景观特征、地形、场地规划、场地开发、景观种植、场地容积、可视景观、交通构筑物、居所、社区规划、城市设计、区域景观、规划环境的论述，建构景观设计学的内容和体系，很值得我们借鉴参考，但是可以看出他的侧重点在自然景观要素和土地设计，城市景观设计研究的内容相对较少。

美国学者哈维·M. 鲁宾斯坦的专著《建筑场地规划与景观建设指南》，通过设计原理与程序、建筑场地工程和景观施工细部、图示项目类型三个部分，建构景观设计主要内容，侧重于景观场地施工的知识和方法。

第五节　国外景观设计专业的学科特点

了解各国各个院校景观设计专业的特点，主要通过考察其课程设置，每个院校景观设计专业的课程设置各有侧重。这个侧重是对景观设计目标的理解和要求使然，有的侧重则是学科背景局限性和文化背景差异的反映。

英国纽卡斯尔大学景观设计专业的研究生课程设置有：第一阶段，景观科学与园艺学、景观设计理论与环境伦理、表现技法、景观设计课、高级 CAD 制图、景观营造、景观植物配置与管理、设计景观史、景观设计师规划规范、乡村与环境规划；第二阶段，景观设计课、研究方法、专业练习、选修课计算机辅助设计、地理信息系统、城市更新、环境影响评价、艺术设计、环境设计、城市设计等。

美国哈佛大学景观设计专业的研究生课程设置有：景观设计、景观表述研究、景观设计史、景观技术基础、植物介绍、现代花园和公共景观史、植物设计、计算机辅助设计基础、景观规划理论和方法、场地规划、当代景观设计理论与实践等。

美国康奈尔大学景观设计专业的研究生课程设置有：景观设计基础、景观媒介、城市考古学、野外考察、美国景观、综合理论与实践、虚拟空间城市设计、场地工程学、场地营造、景观设计中的计算机应用、职业实习、场所塑造设计、未来城市生态学、景观设计专题、构成和原理、制图表现、罗马帝国的公园和广场、保护规划和场地设计中的考古学、景观保护理论与实践、美国景观、理论研讨、综合理论与实践、集中辅导课、场地工程学、场所营造、高等场地定级、北美前工业城市和城镇、景观设计主题、城市设计和规划、高级设计课、欧洲景观设计史、美国景观设计史等。

美国佛罗里达大学景观设计专业的研究生课程设置有：景观设计营造、场地设计规划、景观管理、植物配置设计、景观设计史、高级景观设计、生态及环境政策、景观设计理论和评论、地理信息系统介绍、多学科设计、高级景观设计营造、景观设计和环境质量、高级景观设计——地域性论题、景观设计中的工程管理等。

第六节　我国美术院校景观艺术设计课程设置和专业方向思考

我国美术学院景观设计专业的发展基础是景观设计专业的课程设置，20 世纪 50 年代至 80 年代后期教学的学科主体是室内设计，1988 年更名为环境艺术设计，但仍然以室内设计专业为主体。

1997 年，我国环境艺术设计专业学科的开拓者张倚曼先生在室内设计专业发展高潮期率先开设景观设计课，拓展了环境艺术设计的研究领域，为未来我国美术院校景观设计学科的发展奠定了基础。这是我国环境艺术设计发展史上具有重要意义的事件。

虽然当时环境艺术设计学科仍以室内设计专业为主体，但是张漪曼先生已经开始思考和探索室外环境设计专业发展的问题，如何将室外环境设计的概念把握得更加准确，其实是有一个过程的。

当时曾经考虑开设外部环境设计或室外设计课程，它是对应室内设计课程的。室内设计是指建筑内部空间的相关设计，以建筑物内部空间关系来界定，相对容易些。而外部环境设计课的概念界定表面上看似容易，其实不然。因为外部环境设计或室外设计的范围太大。室外设计就是建筑外部空间环境设计，它可能是自然环境或者是城市环境，建筑的外部空间设计的内容和范围究竟包括哪些内容？界定起来比较困难。如果以室外设计课程名称设置，内容不明确。

笔者曾经提出建议，最好以城市景观设计的教学内容为主体，区别园林设计的概念，最后决定以景观设计作为课程名称。这样就开启了中央工艺美术学院景观设计专业的探索之路。当时的确有很多人把它与园林设计联系在一起，其实更多的是进行城市景观设计课程教学的探索。今天看来它是一个广义景观艺术设计层面的学科概念。

从20世纪90年代中期至今的20年，是美术院校景观设计学科的探索期，由单一景观设计课程设置向专业方向发展，需要进行更大范围的探索。如何建立美术院校的景观设计特色，应当探索建立广义景观艺术设计学体系，建立和完善这个体系有很长的路要走。

美术和艺术设计院校探索广义景观艺术设计学的方向，强化艺术化景观设计和艺术品景观创作在国家城市、环境建设中的作用和意义重大。

明确和建立广义与狭义的景观艺术设计学的概念，对于高等院校尤其是美术和艺术设计类院校的景观艺术设计学科发展和课程设置，培养目标和培养方法等方面将具有建设性意义。

第八章
城市艺术设计与国家形象

城市艺术设计是国家形象设计与优化的重要方法和途径。

国家形象主要通过国徽、国旗等载体得以体现，也可以通过广场、建筑、公共艺术等载体来体现营造，其中的天安门广场国旗升挂尺度就是一个展现国家形象的载体。从城市艺术尺度设计的角度进行研究，对国家形象优化具有重大意义。以下通过国旗升挂尺度的设计来具体说明城市艺术设计与国家形象的关系。

第一节　尺度设计的相关概念

尺度是一个事物与另一个事物形成的数比关系。也特指人与物形成的数比关系。

尺度有功能尺度和审美尺度之分，审美尺度设计是调整和控制人与环境审美目标的有效手段和工具。审美尺度设计依据人们不同的审美尺度心理需要进行，如获得亲切的审美尺度，获得崇高或宏大的审美尺度等，审美尺度设计是可控的。

审美尺度属于心理尺度范畴。心理尺度是指人们可以通过物理计量方式体会到客观真实存在的程度，但是人们对它的认识与判断是通过主观的心理过程起作用。客观的物理量并不与该状态下人们对它的感受相一致，这个感知的量就是心理量。即使是对同一个物理量，不同的人也不一定具有相同的心理量值，甚至同一个人在不同时间、地点和条件下，也会产生不同的感受。以人们主观尺度来衡量一个物理量，这样的尺度就是心理尺度。

心理尺度不反映外部世界的真实状况，而是反映人们对外部世界的真实感受，尺度设计必须与人的身心取得最佳匹配。分析和满足人们心理尺度就更加重要，审美尺度是心理尺度的特殊类型之一。

天安门广场国旗旗面与旗杆尺度设计研究属于审美尺度的范畴。它是进行国旗旗面与旗杆尺寸对应关系即尺度关系的研究。其尺度关系设计是依托一个国家的人文背景，依据国家形象塑造目标进行的。

天安门广场国旗旗面与旗杆审美尺度设计涉及的概念有崇高、巨大、壮美、伟大、雄浑、雄壮、厚重、浩瀚、奔放等。

但是这些概念均离不开“大”的基础。中国美学理论中就将崇高与“大”的概念相联系。孔子提出“大”的美学概念，认为“巍巍乎！唯天为大……”体现气势、胸怀和美德的巨大与无限力量。

黑格尔和车尔尼雪夫斯基认为，崇高就是形体十分巨大的事物。

这些审美尺度可以激发起人的本质力量，使人昂扬慷慨，自豪与喜悦，激励人们克服一切困难，净化自身，坚强意志，提高精神境界，产生向上的力量，增加使命感，体现英勇、顽强、豪迈、伟大和英雄的气概。

第二节　国旗升挂尺度设计研究的意义

中华人民共和国国旗是国家的象征和标志，宪法规定天安门广场是每日国旗升挂的地方之一。由于其升挂地点特殊，所处空间环境尺度巨大，天安门广场的国旗旗面与旗杆的尺度如何定位？如何进行其尺度设计？其研究具有以下几个方面的意义。

第一，天安门广场国旗景观是构成国家象征和标志的符号之一，与广场人民英雄纪念碑景观、天安门城楼景观共同构成国家形象符号系统。天安门广场国旗旗面旗杆尺度设计，直接体现国家象征和标志形象的内涵。其审美尺度设计直接影响国旗展现效果，是国家形象塑造不可或缺的内容，是国家形象塑造的重大课题。

第二，填补天安门广场国旗旗面与旗杆尺度设计研究的空白。

第三，通过天安门广场国旗旗面与旗杆尺度设计研究，对《国旗法》中增加旗面与旗杆尺度规范内容制定提供重要参考。

第三节　目前天安门广场国旗旗面与旗杆尺度存在的主要问题

一是目前 3.3 米的旗面高度与 30 米的旗杆高度，形成 1/9 的尺度关系，加上视觉“近大远小”的透视变化，国旗展示面显小，其尺度关系不协调，醒目度不够，没有充分展示出中国大国之国旗的庄严与气势。

二是天安门广场国旗旗面与旗杆 1/9 的尺度关系，与天安门广场巨型城市空间之间缺乏相互联系，国旗旗面与旗杆尺度定位模糊。

三是目前天安门广场升挂的国旗尺寸不是《国旗法》中规定的规格，属于特殊环境升挂的国旗，希望将天安门广场国旗尺寸以及尺度规范内容纳入《国旗法》之中（见图 8-1）。

以上主要问题的出现，主要是由于缺少天安门广场国旗旗面与旗杆尺度设计专项研究，研究天安门广场国旗旗面与旗杆尺度，研究尺度定位、依据和目标。研究一个符合中国大国形象的天安门广场国旗升挂的最佳尺度，是国家形象艺术设计的重要课题之一，也是北京城市景观艺术设计的重大课题之一。

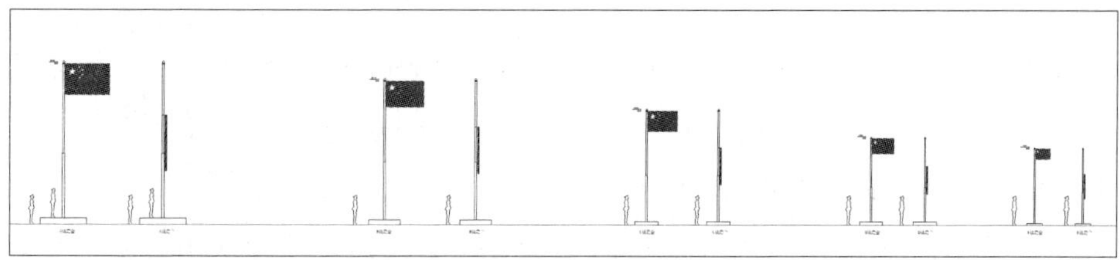

图 8-1　根据 1990 年的《国旗法》规定的旗面尺寸所对应的旗杆尺度设计图

第四节　国旗旗面与旗杆尺度设计的依据、限度与目标

国旗旗面与旗杆尺度设计的依据包括满足全旗和半升挂功能以及与周边景观形成协调的尺度关系。

一　满足全旗和半升挂功能

目前天安门广场国旗旗杆的净高度为30米，加上基座0.8米，地面以上高度为30.8米。

国旗悬挂使用中有两个主要形态，一个是升挂全旗，一个是降半旗。而降半旗时，依据《国旗法》中的有关规定，即“下半旗时，应当先将国旗升至杆顶，然后降至旗顶与旗杆之间的距离为旗杆全长的三分之一处”的规定。这个因素虽然特殊，但它是国旗使用的重要功能之一。在降半旗时由于升挂位置从旗杆顶端下降到旗杆上部的三分之一处，这个升挂高度点，是应当作为旗面与旗杆尺度设计的主要依据。

因为旗面展示时有迎风飘扬的状态，也有无风时旗面呈现下垂的状态，这时的旗面“高度”不是旗面的平面高度，而是以旗面的对角线长度即旗面的下垂高度，也就是说垂挂状态是国旗旗面垂直高度最长的形态。所以必须考虑这个因素。

以目前天安门广场旗杆高度进行旗面与旗杆的尺度设计，以旗面下垂高度占旗杆总长度的三分之一为宜，或作为相对尺度设计限度。以此为依据的尺度设计结果是，天安门广场国旗旗面长度9米，高度为6米，下垂高度为10.8米。笔者认为这个尺度设计关系充分体现了国旗升挂时，尤其是降半旗时，仍然处于一个良好的升挂高度，体现了国旗的庄严与神圣。

以目前天安门广场国旗旗面与旗杆尺度为基础，笔者做了A、B、C、D、E、F六个尺度设计关系图，进行不同尺度变化的比较。天安门广场国旗旗面与旗杆尺度现状为A，推荐的最佳尺度关系是E（见图8-2）。

这六种尺度关系，B种尺度比A种尺度张力大些，以此类推。但是以目前旗杆高度来

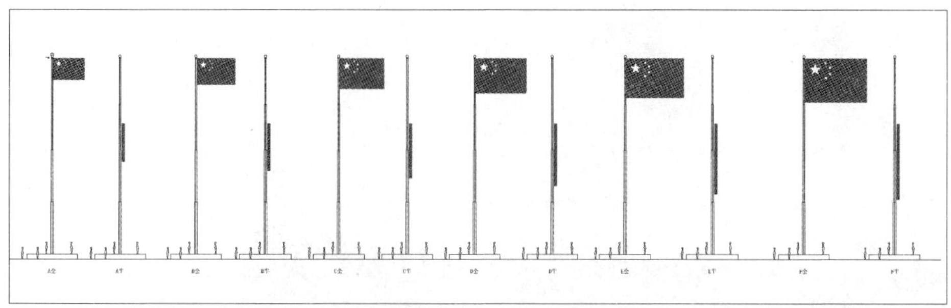

图 8-2　天安门广场 30 米旗杆与旗面尺度设计图

考虑，E 种尺度关系是比较适中的。F 种尺度具有较大的夸张感，张力更大。如果采用 E 或 F 种尺度关系，可以获得比现有的尺度关系更具有感染力，更加恢宏，更加浪漫，更有气势！

二　与天安门广场其他景观形成协调的尺度关系

与国旗旗面和旗杆尺度发生联系最直接的空间环境有天安门城楼，其高度为 33.70 米，纪念碑高度为 37.94 米，人民大会堂东立面高度 40 米，两侧 31.2 米，历史博物馆西立面 33 米，廊 26.5 米。旗杆高度以及旗杆直径尺寸与它们相比较是比较低和不够粗壮的。所以在旗面与旗杆尺度设计上要加大对比，增大旗面尺寸，有条件还可以适当加大旗杆径粗。

三　加大天安门广场国旗旗面与旗杆尺度对比

通过足够大的尺寸，产生较大对比度，以强化醒目度和觉察度。提高醒目度和觉察度的目的，是希望在天安门广场上，天安门城楼上以及长安街上，提高人们的视觉关注度。

通过加大旗面尺寸，进行环境视觉修正与调整，减少透视影响，以获得更加完美的国家形象感受（见图 8-3 至图 8-11）。

值得强调的是，不同国家的人文环境背景不同，接受国旗悬挂尺度的方式也不同。通过相关调研，某些国家国旗悬挂尺度巨大，如果降半旗时，下垂旗面离地面较近。这样的方式是由各国文化特质决定的。

图 8-3 天安门城楼上西侧视点现状尺度效果图

图 8-4 天安门城楼上西侧视点的 1 倍尺度效果图

图 8-5 天安门城楼上西侧视点的 1.5 倍效果图

图 8-6　天安门广场中轴线正立面国旗现状效果图

图 8-7　天安门广场中轴线正立面国旗 1 倍效果图

图 8-8　天安门广场中轴线正立面国旗 1.5 倍效果图

图 8-9　天安门广场正立面国旗现状尺度效果图

图 8-10　天安门广场正立面国旗 1 倍尺度效果图

图 8-11　天安门广场正立面国旗 1.5 倍尺度倍效果图

第五节　天安门广场国旗旗面与旗杆尺度建议

从 1949 年至今，天安门广场国旗旗面与旗杆尺度是发生了一些变化的（见图 8-12 至图 8-21）。以下我们根据时代因素和视觉因素提出六种尺度建议。

A 种尺度：长 5 米，高 3.3 米，下垂长度 5.8 米，旗面高与旗杆高尺度近 1/9.1（醒目

图 8-12　1949 年开国大典的天安门广场

图片来源：辛向东等主编《我爱你五星红旗》，解放军出版社，2005。

图 8-13　1959 年的天安门广场

度低），旗面下垂尺寸与旗杆尺度近 1/5.2，全旗时旗面下垂最低点距离地面 25 米，降半旗时旗面下垂最低点距离地面 15 米。

B 种尺度：长 6 米，高 4 米，下垂长度 7.21 米，旗面高与旗杆高尺度近 1/7.5（醒目度一般），旗面下垂尺寸与旗杆尺度近 1/4.2，全旗时旗面下垂边缘最低点距离地面 22.79 米，降半旗时旗面下垂边缘最低点距离地面 12.79 米。

C 种尺度：长 7 米，高 4.6 米，下垂长度 8.3 米，旗面高与旗杆高尺度近 1/6.5（醒目度较强），旗面下垂尺寸与旗杆尺度近 1/3.6，全旗时旗面下垂最低点距离地面 21.70 米，降半旗时旗面下垂边缘最低点距离地面 13.44 米。

D 种尺度：长 8 米，高 5.2 米，下垂长度 9.5 米，旗面高与旗杆高尺度近 1/5.8（醒目度强），旗面下垂尺寸与旗杆尺度近 1/3.2，全旗时旗面下垂最低点距离地面 20.50 米，降半旗时旗面下垂边缘最低点距离地面 10.50 米。

E 种尺度：长 9 米，高 6 米，下垂长度 10.8 米，旗面高与旗杆高尺度近 1/5（醒目度很强），旗面下垂尺寸与旗杆尺度近 1/2.8，全旗时旗面下垂最低点距离地面 19.20 米，降半旗时旗面下垂边缘最低点距离地面 10.94 米。

F 种尺度：长 10 米，高 6.66 米，下垂长度 11.6 米，旗面高与旗杆高尺度近 1/4.5（醒目度特强），旗面下垂尺寸与旗杆尺度近 1/2.6，全旗时旗面下垂边缘最低点距离地面 18.40 米，降半旗时旗面下垂边缘最低点距离地面 8.40 米。

图 8-14　1969 年的天安门广场

图片来源：《人民画报》总第 616 期。

图 8-15　1984 年的天安门广场

图片来源:《人民画报》总第 616 期。

图 8-17　1999 年的天安门广场

图片来源：夏尚武、李南主编《百年天安门》，中国旅游出版社，1999。

第六节　关于在《国旗法》中增加旗面与旗杆尺度规范重要参考的建议

由于 1990 年制定的《国旗法》中，没有明确国旗旗面与旗杆尺度的设计规范，使得国旗旗面与旗杆尺度关系的把握上出现了一些问题，主要是,《国旗法》中只规定了五种国旗旗面的平面尺寸关系，但是没有规范五种旗面尺寸与什么尺寸的旗杆相对应。

图 8-16　1991 年改建后的天安门广场

图片来源：北京市规划委员会、北京城市规划学会主编《长安街过去－现在－未来》，机械工业出版社，2004。

图 8-18　2009 年的天安门广场

图片来源:《人民画报》总第 616 期。

以甲种尺寸为例，甲种尺寸是国旗法规定的最大的国旗旗面尺寸，长为 2.88 米，高为 1.92 米。甲种尺寸的旗面悬挂在什么高度的旗杆上并没有规定和规范。

以下依据上文提到的天安门广场国旗旗面与旗杆尺度的设计依据，推导出《国旗法》中五种旗面尺寸对应的旗杆高度，即尺度关系。

甲种旗面长 2.88 米，高 1.92 米，旗面下垂长度 3.46 米，以旗面下垂尺寸与旗杆比 1/3 尺度关系为控制限度，旗杆高度应当在 9.6 米左右，并依次类推。

乙种旗面长 2.4 米，高 1.6 米，旗面下垂长度 2.88 米，旗杆高度应当在 8.64 米左右。

丙种旗面长 1.92 米，高 1.28 米，旗面下垂长度 2.3 米，旗杆高度应当在 6.9 米左右。

图 8-19　20 世纪 90 年代的天安门广场鸟瞰图

图 8-20　人民英雄纪念碑北立面与国旗升挂尺度关系图

图片来源：北京市规划委员会、北京城市规划学会主编《长安街过去-现在-未来》，机械工业出版社，2004。

图 8-21　北陲第一哨的国旗与旗杆尺度图

丁种旗面长 1.44 米，高 9.6 米，旗面下垂尺度 1.73 米，旗杆高度应当在 5.19 米左右。

戊种旗面长 0.96 米，高 0.64 米，旗面下垂尺度 1.55 米，旗杆高度应当在 4.65 米左右。

图 8-22　墨西哥宪法广场国旗尺度

第七节　国外的国旗旗面与旗杆尺度设计

墨西哥的墨西哥城宪法广场中央有巨大的墨西哥国旗，这面国旗长 55 米，宽 31.43 米，面积超过 1700 平方米，旗杆高度为 103 米（见图 8-22）。墨西哥城宪法广场是墨西哥政治、宗教和文化活动中心。这个巨型尺度的国旗成为广场的主要标志和景观，它是具有非常鲜明个性的国家形象的展示方式。

每年的 2 月 24 日为墨西哥的“国旗日”，政府将在这里举行盛大的庆祝活动。值得我们借鉴与参考。

图 8-23　巴西三权广场巨型旗杆和国旗

巴西首都巴西利亚的三权广场上的巴西国旗旗杆超过 100 米，尺度巨大，尤其是旗杆形为锥形，深色，造型独特，与其他重要的景观建筑尺度遥相呼应（见图 8-23）。

每逢法国国庆日，在巴黎的凯旋门内都要悬挂巨幅国旗，形成法国国庆的一大亮点。在平日悬挂国旗尺度与节庆悬挂国旗尺度的不同变化，这一点值得我们研究。

图 8-24　巴黎凯旋门与巨型法国国旗

第九章

城市公共艺术发展与设计语言

公共艺术设计与创作是城市艺术设计的重要内容，体现城市功能属性。

随着社会的发展，公共艺术包含的内容越来越广泛，它包括城市、道路、广场、建筑、雕塑、装置、色彩、照明以及公共设施等。公共艺术历史久远，时代特征强烈，设计语言多样，在城市中扮演着越来越重要的角色，其价值与作用日益凸显（见图 9-1 至图 9-3）。

第一节　城市公共艺术的发展

公共艺术是城市艺术设计的重要元素，是艺术地记录国家与城市的历史、文化的最有效方式。

公共艺术可依据所处的空间环境分为室内公共艺术和城市公共艺术，应当讲随着公共艺术的发展，其概念与内涵也在不断变化，出现了不同的类型，如环境类型和标志类型的公共艺术等。

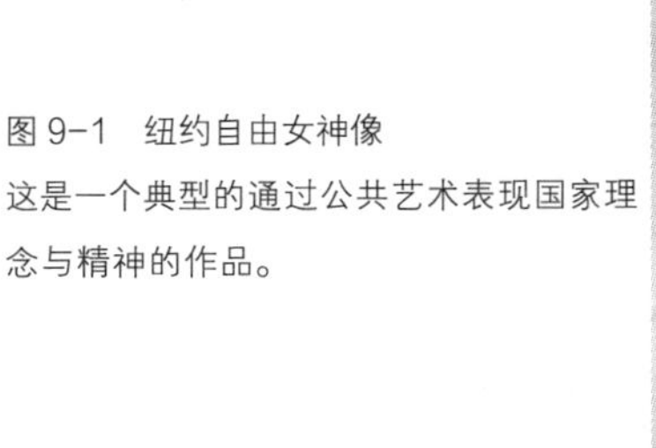

图 9-1　纽约自由女神像
这是一个典型的通过公共艺术表现国家理念与精神的作品。

图 9-2　哥本哈根的美人鱼雕像
通过具象化造型，表现了动人而浪漫的故事，这个形象已成为国家符号。

图 9-3　新加坡的鱼尾狮雕塑
正是因为这座雕塑，人们称新加坡为“狮城”，它还是新加坡的国家标志。

由于城市公共艺术的发展受到不同的历史、政治、文化等因素的影响，结合不同的功能和概念，城市公共艺术就具有了主题性和非主题性等丰富多样的表现形式。古代城市公共艺术更多地表现为主题性、纪念性、宗教性，体现了单一性、统一性（见图 9-4，图 9-5），而近现代的城市公共艺术在继承传统的基础上，出现了非主题性的创作，体现了多样性、趣味性和更多的不确定性（见图 9-6 至图 9-9）。

图 9-4　巴黎协和广场的雕塑

协和广场地处城市主要中轴线，形成城市公共空间中心。

图 9-5　巴黎巴士底广场纪念柱

纪念柱是巴黎的一个地标，它记载了一段段难以忘怀的历史。

图 9-6 巴黎城市到处设置公共艺术作品，随时都可以停下来欣赏与体验艺术

图 9-7 蓬皮杜艺术中心附近广场的一个壁画形式的公共艺术，诙谐而有感染力

图 9-8 德芳斯这件大红色夸张而抽象的造型，给环境增添“张力”

图 9-9 法国里昂公共艺术作品

在人类城市发展史中，公共艺术与城市艺术设计的发展有着紧密联系。世界上很多著名城市的艺术精华是通过它的城市公共艺术体现的。城市公共艺术在塑造城市艺术个性魅力与品位上，具有特殊的作用。

1. 古代城市公共艺术的发展

从古埃及到17世纪，公共艺术在艺术史上一直处于主导地位，虽然18世纪的大型城市公共艺术要比文艺复兴时期减少了许多，但到19世纪又更加兴盛起来，尽管在空间的探索方面突破很少，但在城市街道、广场以及其他的城市公共空间充满了公共艺术设计作品，这一时期的题材多数以人物和人体具象化的公共艺术表现为主。

在古埃及时期有许多庞大的金字塔，它们是古埃及国王——法老的陵墓。在金字塔的旁边有神庙和巨型狮身人面像，它们共同显示着法老生前的“无上权威”以及死后的“灵魂不灭”，狮身人面像是由一整块巨石雕成，其人面为其陵墓主人——法老的模拟像，把法老的头像雕刻在某种崇拜的动物身上，意味着法老是神的化身。这样的形式始源于图腾崇拜，它被希腊人称为“斯芬克斯”。

古代希腊、罗马时期的城市公共艺术中，对人的表现占主要地位，表现希腊神话和理想化是核心，城市公共艺术风格质朴、典雅、协调。古罗马时期的城市公共艺术注重宗教形式表现，宣扬帝王权威，重视功利性和实用性，重视宏伟形式和装饰效果。西欧中世纪的城市公共艺术以基督教雕塑、拜占庭雕塑、罗马式和哥特式雕塑为主，体现了神秘与欢乐的风格。意大利文艺复兴时期的城市公共艺术，是在人文主义思想下形成的，具有鲜明的时代特征，歌颂生活、歌颂英雄，表现对人的创造力的赞美，城市公共艺术中充满了乐观与信心，如坐落在佛罗伦萨西奥里广场的，由米开朗基罗设计的《大卫》。巴洛克式城市公共艺术是欧洲与美洲的主要风格，形式上有强烈对比，追求动感、夸张和豪华。欧洲古典主义时期的城市公共艺术把古希腊、古罗马的城市公共艺术遗产奉为典范，表现重大社会题材，崇尚英雄精神，形式上追求严谨、庄重，富有激情，如意大利的《祖国祭坛》，位于罗马市中心，修建于1911年，它是为纪念意大利独立和统一而建造的大型城市公共艺术群，寓意深刻。

古代美洲和印第安的城市公共艺术主要通过玛雅艺术、印加艺术等表现形式加以体现，他们主要以宗教和各种神灵表现为主要内容。古代亚洲的城市公共艺术强调民族特色。

2. 现当代城市公共艺术的发展

进入20世纪之后，欧美等地区社会发展迅猛，人们的思想观念和生活方式发生了巨大变化，城市公共艺术有了更多的艺术家参与，他们不愿受传统的禁锢，打破成规。城市公共艺术的艺术语言也由传统的较为单一的写实性、具象性、象征性逐步转向抽象性、夸张性、多样性。不但题材多样化，在探索新材料方面也有很大突破。将公共艺术形态当作一种构成，把公共艺术当作造型的空间形态加以表现，产生了装配、装置以及波普艺术等形式。而且各个国家的城市公共艺术更加重视与城市所处的自然地域特征、城市历史和文化的融合，同时强调创新，强调个性特色，产生了一大批城市公共艺术代表性作品，如罗丹的《加莱义民》，马约尔的《三女神》《地中海》，布朗库西于 1937 年为纪念 1916 年第一次世界大战中牺牲的罗马尼亚战士创作的《无尽柱》，毕加索在美国芝加哥市民中心大厦前广场的雕塑《无题》，英国亨利·斯宾塞·摩尔的《国王与王后》以及美国艺术家亚历山大·考尔德的近 16 米高大型红色雕塑《火烈鸟》，奥尔登伯格创作的《衣夹》等。

还有一点值得我们关注的是世界各国各个历史时期出现的巨型标志性城市公共艺术，这些巨型公共艺术对城市艺术建构的影响与作用极为突出。由于这一类型公共艺术的尺度超大，建造方式上雕塑和建筑必然是整体化的，彼此很难分开。我们分别列举一些做介绍。

美国的城市公共艺术发展中最具有代表性的就是《照耀世界的自由女神》，它坐落在美国纽约的贝德鲁斯岛上，这座巨型标志性公共艺术是法国人在 1886 为纪念美国独立 100 周年赠送给美国的，目的是纪念美法两国友谊，由雕塑家巴托尔迪设计。

另一个是美国的《拉什莫尔国家纪念碑》公共艺术群，它于 1941 年完成，选择了美国四位总统为表现对象，他们是华盛顿、杰斐逊、林肯和罗斯福。由艺术家博格勒姆设计。

还有巴西的里约热内卢的巨型城市雕塑景观《赎罪者基督》，建于 1931 年。

朝鲜的千里马铜铸像公共艺术，位于平壤市中心的牡丹峰上，这座城市公共艺术是朝鲜人民走向未来的时代精神和英雄气概的象征与标志。

美国的《圣路易大拱门》，建造于 1947 年，彩虹般的大拱门，象征着由移民开拓的美国历史。它高 192 米，材料为不锈钢，拱门中有电梯，由沙里宁设计。

第二次世界大战之后修建了很多战争主题的纪念性的城市公共艺术群，如匈牙利布达佩斯的《自由纪念像》，创作于 1947 年，它象征着匈牙利人民争取和平并获得自由的心声。苏联的《斯大林格勒保卫战英雄纪念碑》综合体，建于 1967 年，其中《祖国－母亲》最具张力和视觉冲击力，作品表现了手握利剑的母亲形象，象征母亲勇敢、无畏的英雄气概，由艺术家乌切季奇设计。荷兰的城市公共艺术《被破坏的城市》，创作于

1953 年，作品表现了对法西斯暴行的抗议，对战争的控诉。美国华盛顿的《硫磺岛纪念碑》青铜公共艺术作品，为纪念美国海军陆战队在第二次世界大战中牺牲的战士，群雕塑造了 6 名战士正冒着枪林弹雨，把美国国旗插在硫磺岛的一座山峰上，它是根据新闻真实场面摹制的，总高 23 米，建造于 1954 年。

值得借鉴的是，俄国十月革命胜利不久，就公布了列宁亲自建议和签发的《纪念碑宣传法令》，提出要有计划地建立一系列领袖人物和在历史上对国家和民族有过贡献的人物的纪念碑景观，他亲自起草拟建 60 多座纪念碑名单，其中有哲学家、文学家、科学家、艺术家等各个方面的伟大人物。这对苏联城市公共艺术发展起了积极推动作用。

世界各国均非常重视城市公共艺术的教育功能，力求用向上的、积极的概念和精神文化来激励民众。

从世界各国的城市公共艺术发展趋势来看，城市公共艺术的主要功能还是以纪念、记载国家、城市重大事件、人物为主题，而非主题性的公共艺术越来越融入城市环境之中，更加平民化、多样化和本地化，并通过丰富多样的城市公共艺术的新形式来不断适应城市艺术发展与变化的需要（见图 9-10，图 9-11）。

图 9-10　英国伦敦的马头雕塑

一匹马正在草地吃草，而马的巨大身体被隐去，艺术表现力独特，耐人寻味。

图 9-11　英国伦敦特拉法加广场上设置的大公鸡，体现一种独特的审美取向

第二节　公共艺术设计语言

公共艺术在今天的城市环境中随处可见，形态千姿百态、异彩纷呈。

对公共艺术设计语言的多样性现象如何加以认识、理解、欣赏，这是公共艺术设计研究面临的一个重要课题。研究公共艺术设计语言的特征是一个十分迫切的任务。

通过研究公共艺术设计语言的特征与规律，才能更好地发挥公共艺术设计作品的社会意义与价值，才能积极推动公共艺术设计的发展。

公共艺术设计语言主要是指公共艺术设计的表现方式，包括具象语言、抽象语言和装置语言这三种方式。研究这三种语言方式的特征与差异，可以引导公共艺术的设计创作，引导公众理解公共艺术的设计发展，引导公众欣赏公共艺术。

一　语言

语言是人类思维和交往的最重要工具，但它在本质上是一种概括性的公共符号系统。

人类的语言符号的本质是象征性符号。美国哲学家皮尔士按符号与对象的关系，把符号划分为三类：图像、标志、象征。

图 9-12 布鲁塞尔于连撒尿雕塑

这个雕塑很小，但它是城市之魂，人们来到这个城市都要寻找它。

图像，是借助自身和对象酷似的一些特征作为符号发生作用。标志，是与对象有着某种事实的或因果的关系而作为符号发生作用。象征，是和对象之间有着一定联想的规则而作为符号发生作用。象征表现为能指和所指的关系是任意的，因而象征符号与对象的关系是一种思维过程（见图 9-12）。

语言的功能在于激发和唤起感知者头脑中的思维过程，语词之所以能指称对象，是因为人们的头脑把符号和对象联系起来。语言的借喻性是人类认识和思维借喻性的表现。

阿恩海姆认为普通语言文字所使用的是一些恒常不变的和标准的“形状”，而造型艺术语言则是使用一些随时变化的和个性很强的形状。

“一叶知秋”的“叶”是秋的所有含义的形象化的语言载体。艺术造型的“表情达意”是依赖以“境”达“意”，以“形象”来“表情达意”，这个“形象”可以是具象的自然形，也可以是抽象形。不论是“具象形”还是“抽象形”，当它担当起“表情达意”的作用时，就是一种“特殊”的语言符号系统。这时候“自然形”与“抽象形”所表达的“情”和“意”是相似的。这是因为人类在借助这些“特殊”的语言符号时发现:“自然形”与“抽象形”在被作为“表情达意”的语言载体时，它们自身的结构是相似的。在人类艺术发展史中，有许多以“自然形象”和“抽象形象”来表现人类复杂的观念和情感的语言（见图 9-13，图 9-14）。

我们这里需要指出“自身结构相似”是自然形与抽象形的内在关系。那么这形与所要表达的“情”和“意”是什么关系呢？应该肯定地回答，是相似。所以，我们可以在相似的思维结构中，发现人类的艺术造型语言的构成的基础。相似思维是形象思维的核心。

图 9-13　挪威奥斯陆维格兰雕塑公园

图 9-14　挪威奥斯陆市政厅广场的别针

二　语言理解

公共艺术设计形式语言的理解，就是根据造型建立一定的意义。一般人把语言理解看成语言产生的相反过程。理解是指通过揭示事物间的联系而认识其本质和规律的思维活动。

按理解材料不同可以区分不同性质的理解。

抽象形象的理解，就是间接理解，它运用概念、判断和推理等思维形式，通过分析综合、抽象概括，从一般关系和个别关系中发现意义。艺术形象语言理解，是一种直接理解，它是一种知觉、想象，是不脱离事物的具体感性形象的领悟过程。

在艺术设计思维中，理解活动渗透在感知、想象、情感心理活动之中。艺术设计形象的理解活动是建立在客观的生活逻辑基础之上的。客观世界的各种现象处在普遍联系之中。

客观世界的普遍联系和内在规律反映到人的主观世界中，在人脑中建立起稳定的条件反射联系。艺术思维理解是以生活的客观逻辑为基础，以条件反射联系为理解的心理机制。申农提出的通信系统的基本模式，可以帮助我们认识和理解公共艺术设计语言的构成规律。

申农的通信系统的基本模式，建立了信源－编码－信道－译码－信宿概念系统。信源指信息来源，可以是人、机器和自然界的物体。信源所发出的信息可表现为文字或图形、符号，也可是语言、电磁波信号，这些信号和符号可称为消息。消息是信息的载体。编码是指把信息变换成信号。“码”就是按一定规则组织起来的符号排列方式。信道是指信息传递的通道。信道是多样的，如有线、无线，听觉、视觉及触觉。译码是指信号从信道中传递后，必须经过翻译，才能恢复成消息，传递到接收人，成为他所需要了解的信息。信宿是指信息接收者，可以是人，也可以是机器。

申农这个模式不仅适用于物理的通信传递系统，也适用于人类的交际系统。任何语言形式的交际活动都离不开这个基本模式。

公共艺术设计语言理解也是同理。不同背景知识的变化是影响人的理解的重要因素。

公共艺术设计语言的理解是在感知形式语言的物质形态的基础上，通过人过去的经验对形义实现理解，感知到的物质形态的物理属性，必须在过去经验的参与下，在头脑中经过加工和改造才能理解。

公共艺术设计的语言理解存在于根据图形建立意义的过程和意义使用的过程中，并形成意义定势方向，也就是经验的方向。公共艺术设计构成语言的理解，是要通过形与形所形成的相互关系，来建立意义。

公共艺术设计形式的思维理解，一定要掌握对象有关的背景材料，便于更深入、准确地理解。

第三节　公共艺术设计语言的分类

公共艺术设计语言的类型划分来自这样几个方面：一是公共艺术设计历史中呈现的基本形态；二是公共艺术设计语言类型的差异与特征；三是公共艺术设计语言的运用与创造。

公共艺术设计语言的历史发展是线状的，早期是具象的写实语言，这个时间历程最长，语言阅读处于通俗化的“易读时代”。之后出现了抽象的公共艺术设计语言，这是公共艺术语言发展的一个巨大飞跃，它终结了具象写实语言独统世界的格局，极大地丰富了公共艺术设计语言，扩大了公共艺术设计语言的表现能力，也使公共艺术设计语言进入“难读时代”，增加了公共艺术设计阅读的难度与趣味性，留下了更多“想象空间和模糊空间”。在抽象语言出现之后，近50年出现了以“实际物”为载体的公共艺术设计语言现象，又称为装置艺术设计语言。这个时期的公共艺术设计语言，摆脱了具象和抽象语言的束缚，直接利用现存物，进行再创造，公共艺术设计语言呈现出更加千奇百怪的形式，并通过这些语言表达出了具象和抽象语言无法表达的思想、概念、观念（见图9-15，图9-16）。

应当说这三种公共艺术设计语言方式体现了人类公共艺术设计语言的历史特征，这些语言的产生适应于不同时代思想和情感的表达需求。这三种公共艺术设计语言的发展是由直接语言创造转入间接语言创造，最后转入综合语言创造。也提供了当今艺术家运用公共艺术设计的三种语言方式来表达思想、概念、观念的可能。由具象到抽象再到装置的过

图9-15　瑞典斯德哥尔摩市别具一格的公共电话亭

图9-16　瑞典斯德哥尔摩市富有创造力的公共艺术作品

图 9-17　芬兰西贝柳斯公园的一件公共艺术作品，充分表现了音乐主题

程，呈现出由单一语言向综合语言的发展过程。

具象语言类型即直接模拟，艺术语言与客体对象存在相似性关系；创造的形象与概念存在相似性关系。如毕加索的作品《牛的变形过程》解析。

抽象语言类型即间接模拟，艺术语言与客体对象也同样存在相似性关系；创造的形象与概念存在相似性关系，在毕加索的作品《牛的变形过程》中有着充分体现。

装置语言类型即实物综合，实物语言与概念之间也同样存在相似性关系；实物形象结构与概念形成相似性关系，如美国艺术家奥尔伯格登的作品《衣服夹》等。

人类虽然创造了三种不同的公共艺术设计语言，尽管三种语言的特征不同，但还是体现了语言形式与表达之间存在的基本关系，即相似性关系。这个相似性是具象艺术、抽象艺术和装置艺术表现思想、概念、观念的基础（见图 9-17）。

具象语言具有记录性、叙述性、表现性、直白的特点。注重艺术表现技术，没有一定的艺术技术很难进行艺术创作，很难表现主题，优秀作品体现了艺术家的主动表现力（见图 9-18），而一般作品则显现了被动性，仅仅是自然模仿。

抽象语言具有象征性、隐喻性、模糊性、晦涩的特点。其艺术表现形式和技术发生了变化，是在具象造型基础上逐渐抽象，直至完全抽象（见图 9-19）。造型主观性更强，作品语言个人化，理解难度大，需要大量引导受众。

装置语言具有综合性和模糊性。重视观念表现，艺术表现技巧多样化。艺术与非艺术边界模糊。

图 9-18　捷克布拉格的公共艺术作品
该作品模拟了一个管道修理工的形象，非常逼真。

图 9-19　捷克布拉格的公共艺术作品
该作品与地面有机结合，使地面产生视觉注意力，具有纪念性功能。

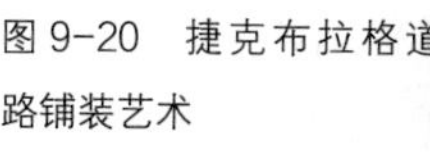

图 9-20　捷克布拉格道路铺装艺术
反映了布拉格通过色彩统一、尺寸统一、材质统一而图案丰富的地面铺装产生鲜明的特色，充分体现规划控制与营造城市特色的方法。

第四节　公共艺术的尺度设计语言

尺度语言是公共艺术设计语言的另一种特殊方式。由于公共艺术设置空间差异大，尺度语言直接影响作品的表现力。尺度也是艺术家的创作方式之一，同一个造型选取的尺度不同，艺术表现力也不同。有些作品就是通过夸张的尺度表现创造力和感染力（见图9-21）。

通过尺度语言还原造型、感知真实性的属于自然尺度，通过尺度夸张实现新的艺术感知与审美价值的属于变异尺度。

公共艺术尺度设计研究属于审美尺度的范畴。它是公共艺术作品与人之间形成的尺度关系研究。同一个造型，由于其尺度关系改变，人们对作品的感知会发生很大变化。许多公共艺术作品在尺度设计方面有着特殊的功能与价值。

图9-21　马德里西班牙广场的塞万提斯纪念碑

图 9-22　马德里斗兽场的公共艺术作品

尺度设计变化引导着人们观看方式的变化，公共艺术设计作品置身于不同环境之中，作品与城市环境或自然环境融合，形成各种审美意象和景观，如壮美、雄浑、雄壮、厚重、奔放等（见图 9-22）。公共艺术尺度设计依据空间、时间、思维以及艺术家审美的变化而变化。

我们感觉城市普遍在“长高”，城市空间范围也在“扩大”，城市空间“高与大”的变化，应出现符合这种空间变化的公共艺术。不同时代具有明显的时代特色，在尺度方面也必然有所体现。思想观念由封闭单一转向开放多元的变化，势必导致审美尺度的变化。

公共艺术尺度设计有三种方式：一般的尺度，微缩的尺度和放大的尺度。

一　一般的尺度

即实用或使用尺度的范畴，这种类型的尺度关系主要体现使用者与使用物之间形成的关系，如汽车方向盘的尺度设计既不能太大，也不能太小。因为它的尺度设计受制于功能要求，审美尺度要求相对要低，不能使用尺度夸张的方法。

二 微缩的尺度

它是一种特殊的审美需求，通过浓缩、收缩、微缩、微雕艺术、盆景艺术、甚至于园林艺术作品，将巨型尺度的自然形态和人工形态通过微缩加以展现。微缩尺度目的有的是适应微小空间环境陈设，有的是展现特殊艺术技巧、表现其艺术价值。

三 放大的尺度

它是指放大原物的实际尺寸的一种设计方式。这种尺度是尺度设计运用最广泛的方法。通过放大的尺度设计，一是满足作品设置在不同空间环境的尺度要求，二是使作品自身造型通过放大引起审美变化。如乐山大佛、龙门石窟、云冈石窟、美国自由女神像等。

微缩与放大尺度设计均是采取尺度变异的设计方法，是强化每一个尺度的作用和尺度力量，产生独特的审美效果。城市空间尺度设计大多数采用放大尺度的方法（见图 9-23 至图 9-25）。

图 9-23 墨西哥独立纪念碑

图 9-24　奥地利维也纳肖邦雕塑

它优雅而精美，散发着浓郁的艺术韵味。

图 9-25　莫斯科附近的无名烈士墓

第十章
争议中的城市艺术设计的价值

古往今来的城市艺术设计与创作，都经历了现实与历史的评价，这些评价中包含了大量值得我们思考的东西。面对城市艺术设计与创作的争议，城市艺术设计历史上的一些经典案例能给予我们很多启示。

中国近现代以及当代的城市规划、城市艺术设计中出现了不少争议现象，我们如何面对，以一个什么样的机制管理？以什么样的心理去面对？有太多的思考空间。下面我们以巴黎城市艺术设计中的争议为例加以说明。

第一节　包容争议的巴黎城市艺术设计

巴黎犹如一个巨型城市艺术博物馆，巴黎人和游客有滋有味地品评着这座博物馆里的一切。巴黎如一幅幅连续展开的画卷，人犹如在画卷中徜徉。

也许世界上没有哪座城市的艺术创新像巴黎一样充满了富有争议的案例。而这些争议案例，最终给巴黎、给法国、给世界带来难以估量的价值和惊喜。这些争议项目构成了巴黎的艺术高度，也影响了全球城市艺术创新的争议预见能力和争议管理能力。

鼓励创新就要包容争议。有创新就有争议，争议来源于不同的认识论和方法论评价以及价值取向的差异与冲突!

争议可以带动公众参与创造，提升公众审美认识与思考。

争议预见和争议管理机制是当代城市艺术发展的基础，是确保创造力和创造城市价值的条件。

我们今天重新解读这些争议项目不仅可以体验法国城市艺术，尤其是巴黎城市艺术设计的价值和创造力，还可以深度理解巴黎城市艺术中的争议现象所透露出的法国文化的某些特质。

第二节　巴黎城市艺术设计中的争议案例

巴黎城市艺术中有三个典型的争议案例，一是埃菲尔铁塔，二是蓬皮杜艺术中心，三是卢浮宫改造。

一　埃菲尔铁塔

铁塔建成之初，遭遇了各种评价，有赞美的，有抨击的，而抨击的声音更多、更为猛烈。这些争议和非议，一直伴随着整个设计方案和施工的全过程（见图 10-1）。

1887 年初，埃菲尔的设计方案中标后，《泰晤士报》上甚至刊登了 300 人签名的呼吁书，反对埃菲尔的设计方案，认为铁塔建设将使巴黎的建筑艺术风格遭到毁灭性的破坏，其中就有颇具名望的莫泊桑和小仲马等人。他们指出:“它如同一个巨大的黑色的工厂烟囱，耸立在巴黎的上空。这个庞然大物将会掩盖巴黎圣母院、凯旋门等著名的建筑物。这根由钢铁铆接起来的丑陋的柱子将会给这座有着数百年气息的古城投下令人厌恶的影子。”

铁塔破土开工的时候，又有超过 300 位知名的巴黎市民联名签了一份请愿书，要求停止这一工程。他们声称埃菲尔的“大烛台”会损害巴黎的名誉和形象。

有位教授甚至预测，当建到 228 米之后，这个建筑会倒塌。

图 10-1　埃菲尔铁塔
埃菲尔铁塔是巴黎近代城市艺术设计的标志，曾饱受争议，却最终成为巴黎的城市符号。

铁塔落成之后，争议的声音也从未停息。许多人向政府请愿，希望把它拆除。

法国著名诗人保罗·马里·魏尔伦恼怒地告诉人们说："宁可每天绕一个大弯儿，也要避开这不伦不类的、丑陋可怕的魔王，因为看它一眼，整夜会不得安眠，尽做噩梦。"

著名小说家莫泊桑也对这座铁塔感到毛骨悚然，犹如芒刺在背。据说他就时常在铁塔的二楼吃饭，他的理由是：在这里是唯一看不到铁塔的地方。而且在莫泊桑的小说中，很多人物也不喜欢铁塔。他说："这一大堆丑陋不堪的骸骨，真是令人神思恍惚，惶恐不安，我被迫逃出巴黎，远循异国了！"

埃菲尔铁塔引起的争议持续之久，影响范围之大，在世界文化史上十分罕见。在这样的争议压力之下，埃菲尔和市政府却没有理会，设计方案和建造工作丝毫未受影响地继续进行着。遗憾的是包容争议背后的原因很少有资料谈及和介绍。

到了 20 世纪初，由于无线电传送的发展，铁塔顶上安装了强功率的天线，增加了实用功能，使埃菲尔铁塔在使用功能上有了一个存在合理性，但这只是后来的原因之一。

随着时间的推移，面对着这座巨大的铁塔，人们对铁塔的厌恶和畏惧之情在慢慢消减，越来越接纳这个巨型铁塔，而且逐渐产生了一种敬畏之感。

埃菲尔作为一个建筑工程师，为巴黎和世界创造了当代最伟大的艺术品，预示了一个伟大时代的到来!

值得一提的是铁塔诞生之时，巴黎正处于19世纪模仿古典主义风格的时期，体现在建筑上就是恢复穹隆顶的风尚。埃菲尔设计的铁塔则冲破了传统模式，在材料和技术上，大胆地采用了钢材和铆钉方法，这是产生争议的文化背景和因素之一。

一位西方现代建筑学家L.本奈沃洛在《西方现代建筑史》一书中认为埃菲尔铁塔“它压塌了欧洲”，表达出对铁塔的物理作用和精神力量的赞美。

二　蓬皮杜艺术中心

该项目面向国际全面招标，在681件参赛方案中做出选择，最后第493号方案脱颖而出（见图10-2）。

图10-2　巴黎蓬皮杜艺术中心是一个富有创造力的作品，它也经历了从争议到获得认同的过程

招标的要求是打破传统设计框架，敞开文化的大门，吸引大众，激发兴趣，鼓励辩论，不同形式的艺术品在此和平共处，自由自在地享受现代艺术。

中标的皮亚诺和罗杰斯的设计灵活、多变、轻便而且有趣，充满生气。这个建筑呈现出明亮的彩色金属外壳，大量采用金属架构和透明玻璃，钢柱、接点、金属管道，就那么赤裸裸地袒露着，像一个未完工的建筑工地，又像是一个庞大的组合玩具，一套大型的建筑积木。尤其是它使用了夸张的色彩，蓝色代表水，绿色代表空气，黄色代表电力，红色代表传送线，电梯的动力系统装在那些红色大箱子里，来自空调系统的水，则由那些蘑菇形的白色管道来复原。看上去，的确很像一座大工厂。尽显“开肠破肚”的现代艺术的视觉张力。

由于它与法国历史建筑的风格差异巨大，在巴黎历史街区显得格外突兀，是一个显得十分另类的怪物。

有趣的是中标方案一公布，整个法国炸开了锅，巴黎市民无法接受设计师的作品，他们怒斥它是炼油厂、飞机库，就像一堆废铁，是彻头彻尾的畸形建筑，严重破坏了巴黎天际线。责难声音不断。当时的市民没有接受这个“怪异”作品的心理准备。

但它得到了总统的支持，在一片争议声音中顽强建成了世界上独一无二钢铁怪物式的博物馆。最终我们看到了巴黎城市对文化创新的包容精神，使其获得了丰厚的回报。

三 卢浮宫改造

今天的法国人谈起卢浮宫改造，不得不承认它是最难、争议最大的工程（见图 10-3）。

在重量级设计师推出的卢浮宫扩建设计方案中，总统密特朗看中了美籍华裔设计师贝聿铭的设计。当时，密特朗还邀请了世界上 15 位博物馆馆长给新卢浮宫设计方案投票，结果有 13 位馆长都投给了贝聿铭。

卢浮宫改建工程是法国唯一一项不通过竞争而直接授予建筑师的大工程。密特朗从一开始就意识到了这样独断专行的难度。

他把要改建卢浮宫的设想讲给了美籍华裔设计师贝聿铭。经过一段周折，最后决定把这个项目单独交给贝聿铭。

密特朗曾经亲口对手下说：“好的东西就让它走到底，这样大家谁也无法再回头。”

1984 年 1 月，法国历史古迹最高委员会投票通过了贝聿铭的设计方案。

即便如此，该方案一经公布，还是引起了巨大的争议。第二天，法国各大媒体在头版刊出贝聿铭勾勒的新卢浮宫素描。《法兰西晚报》的通栏大标题为“可悲的法兰西”。对贝

图 10-3　卢浮宫改造打破常规，为巴黎城市创造了新的艺术价值

聿铭玻璃金字塔持批评态度的社会名流接踵而来。贝聿铭自己也说："法国人为卢浮宫金字塔整整骂了他一年半。"抗议信、反对之声在《费加罗报》《巴黎人报》等媒体上如雪片一样劈头盖脸地抛来。

公众称呼它为"巨大的、毁灭性的东西"，卢浮宫的馆长甚至为此事辞职，密特朗被称为给巴黎带来"暴行"的"专制者"。

贝聿铭预料到 90% 的巴黎人会反对他的设计方案，因为给卢浮宫这样一个法国首都巴黎的历史核心建筑做加建，任何形式的方案都会遭到公众的质疑。

为了平息公众的愤怒，在当时的巴黎市长的建议下，贝聿铭和他的团队在卢浮宫广场上放置了实物大小的框架模型。在展览的 4 天期间，大约有 6 万民众参观了这个模型。

为了将金字塔建筑对广场的影响降到最低，贝聿铭要求使用透明度最高的玻璃。建筑师在公众的压力面前保持了最谨慎的态度。

方案得到了重要的文化人士、前法国总统蓬皮杜的遗孀克劳德·蓬皮杜的支持，还有一个充满争议的蓬皮杜国家艺术中心也是以她的名字命名的。

密特朗喜欢这个作品，这个作品表现出来的与传统“决裂式的对话”的态度让他选择了贝聿铭。在他们的支持下，贝聿铭的玻璃金字塔得以建成。

1988 年 10 月，改造后的卢浮宫广场向公众开放。在开放之时，公众的态度已经缓和了很多。此后，这个令人争议的金字塔逐渐变得可爱起来，被巴黎接纳。 如今，卢浮宫金字塔早已成为巴黎一景。别具一格的卢浮宫玻璃金字塔为巴黎留下了城市艺术规划中美丽的篇章。2005 年，金字塔本身成为了卢浮宫博物馆最著名的藏品之一。

四 对争议的鼓励和包容

城市艺术价值在于创造力，历史是过去创造力的体现，创新是今天创造力的体现，争议与创造力是一对孪生兄弟。巴黎城市艺术历史就是一个充满争议的文化史，这个争议的文化史有震撼人心的故事，也有滑稽可笑的故事。这些动人的故事是构成巴黎城市艺术的财富，是构成城市艺术生命力和感染力的基础。

这些争议性事件提升了巴黎人的审美能力，引领世界城市艺术设计发展几个世纪。

联系当代我国城市艺术设计发展，争议越来越多，凡有重大争议的项目发生，均是一次绝好的对城市艺术审美的大范围的公众参与机会，体现了公众关注国家城市艺术发展的理念变化。

巴黎城市艺术的持续创新，体现当代巴黎人的生活面貌，点点滴滴的创新要素十分巧妙地融入城市历史长河之中。巴黎是一个在不同时期都引领创新的城市，勇于在历史景观中置入“新的”“异类”的艺术作品，形成有“争议”的有影响力的城市艺术文化。在历史气息浓郁的环境中流露出当代时尚生活的气息。

从单一价值取向向多元价值并存发展易造成争议，创新一定是对原价值取向的突破的结果。对争议的预见与管理是今天多元文化环境下必须具备的基本能力，不仅创作者应具有这个能力，创造的管理者更需要这样的能力。尊重和包容争议需要勇气和胆识，也需要制度设计支持，这是创新生存的土壤。

共识与独见是一个冲突。共识不一定就合理，独见更加不易。我们应尽可能地包容和支持“独见”，这是文化发展的基础和条件。

文化艺术创造力的活跃时期，争议性的文化现象就多。反之文化发展中争议的东西少，说明文化创造力的影响力和价值就少。我们要学会善待“争议”，包容“争议”，只有这样才会真正出现具有伟大力量的作品。

第十一章
城市艺术设计实践

城市艺术设计不仅需要理论、方法层面的探索，更需要通过实践加以检验。通过城市艺术设计的不同类型、层次和方法强化城市特色与个性，提升城市人文品质，提高城市高附加值。

第一节　北京城市艺术设计发展战略研究实践

《北京城市艺术设计发展战略研究》是 2004 年北京总体规划修编所设立的 27 个专项课题中的一个。这个首次开展的北京城市艺术设计发展战略研究课题，旨在探索首都北京城市艺术设计体系以及发展创新方向，为北京总体规划修编提供专项战略性成果。

一　北京城市艺术设计发展回顾与问题分析

城市性质是城市艺术设计的基础和依据。历次北京城市规划对城市性质、定位和地位均有表述，对北京城市艺术设计形态形成均具有决定性作用。尤其是在新中国成立之后，从多次城市性质定位分析，城市性质核心基本以政治中心和文化中心为主，但也出现了增加更多的城市性质要素概念认识的曲折和波动。这些认识的曲折和波动所产生的形态，既取得了不少成绩，也有了不少经验、教训。在前人工作成绩的基础上，还需要进行调整、发展，进一步完善首都北京城市空间艺术形态和体系。

1. 1938 年《北京都市计划大纲草案》

城市性质定为政治军事中心，特殊之观光城市，可视作商业都市等。

2. 1953 年《改建扩建城市规划草案的要点》

城市性质确定为我国政治、经济、文化中心，对古代遗留下来的古建筑要区别对待，有步骤地改变自然条件，为工业发展创造条件等。

因此“变消费城市为生产城市”成为当时主导城市发展的基本价值观念。规划的主要内容有：行政中心区设在旧城中心区，将天安门广场扩大，在其周围修建高大楼房作为行政中心。将中南海往西扩大到西皇城根一线，作为中央主要领导机关所在地。

由于各方面因素的作用，没有采纳“梁陈方案”的建议。形成古都中心区与首都行政中心重叠，导致古都的历史遗产保护困难，首都创新形态受限。首都北京城市建设基本以“重点”建设为主，而首都北京城市空间艺术的体系建设尚未展开。“重点”建设实现了首都北京政治中心、文化中心的国家首都形象的塑造，完成了开创性工作。

3. 1958 年《北京市总体规划说明（草案）》

城市性质定位为全国的政治中心和文化教育中心，还要把它迅速地建设成为一个现代化的工业基地和科学技术中心。

规划天安门广场为首都中心广场，将其改建扩大为 44 公顷，两侧修建全国人民代表大会的大厦和革命历史博物馆。中南海及其附近地区，作为中央首脑机关所在地。中央其他部门和有全国意义的重大建筑如博物馆、国家大剧院等，将沿长安街等重要干道布置。

完成了新中国首都北京政治中心、文化中心的国家精神空间形象塑造的奠基性工程，其意义重大深远。

4. 1983 年《北京城市建设总体规划方案》

明确北京的城市性质是全国的政治中心和文化中心，强调经济发展要适应和服从城市性质的要求，调整经济结构，不再提“经济中心”和“现代化工业基地”。确定了北京作为全国政治、文化中心的性质。严格控制城市人口规模。经济的繁荣和发展，要服从北京作为全国政治、文化中心的要求。要反映历史文化、革命传统及首都的独特风貌等。这一时期的首都北京的城市性质主要定位在政治中心、文化中心概念上。

虽然明确了首都城市性质，但由于已往定位偏差，需大量调整，经济尚在恢复。首都政治中心、文化中心的国家形象进一步塑造、完善缺乏相应条件。所以首都北京城市艺术设计还停留在20世纪50年代开创期、奠基期的形态上。

5. 1993年《北京城市总体规划》

进一步明确首都政治中心和文化中心的城市性质，提出建设全方位对外开放的现代化国际城市的目标。明确提出城市发展要实行“两个战略转移”的方针。建设世界一流水平的历史文化名城和现代化国际城市。调整产业结构和用地布局，促进高新技术和第三产业的发展，实现经济、社会和环境效益的统一。严格控制人口和用地规模。同意以全部行政辖区作为城市规划区，完善优化城镇布局体系，实行城乡统一规划管理。保护和改善首都地区的生态环境。保护古都风貌的原则、措施和内容是可行的，必须认真贯彻执行。

由于改革开放，经济得到巨大的发展，首都城市艺术设计建设所面临的问题更加复杂。城市的历史遗产保护与快速发展扩大的新建城区形成诸多矛盾，生态可持续与城区发展不断扩大形成的矛盾等均处于交织状态。由于城市历史遗产保护、现代化、大北京、CBD、大都市、生态、可持续、城市特色、房地产“造城”等多种价值概念并存，一时间首都北京的城市艺术设计依托的基础处于“松软”状态，盲点增多，目标模糊。

首都北京的形象塑造力减弱，国家的政治中心、文化中心的形象塑造还停留在20世纪50年代形态。与国家政治中心、文化中心形象塑造不一致性元素增多、加大，影响首都国家形象塑造因素在不断增加，有力地塑造首都城市形象的创新元素缺失。

国家首都政治中心、文化中心形象塑造是一个不断的过程。我们应当在20世纪50年代奠基期成就的基础上，继续深化、不断完善首都北京城市空间艺术体系和形象塑造。通过世界部分首都的比较，可以得到启示：

法国首都巴黎是具有深厚艺术传统的城市，它既强调保护城市历史遗产，又不断创新和突破。巴黎体现国家首都的符号有三个阶段：第一阶段是古代的凯旋门、第二阶段是近代的埃菲尔铁塔、第三阶段是现代的德芳斯大拱门。

目前首都北京城市体现国家首都形象，还是依赖20世纪50年代那个阶段的天安门广场和人民英雄纪念碑等建设形态和理念。

随着北京城市的扩大，需要有相应元素和系统来加以体现。北京市三环路以外，新北京形象特色模糊，只有到北京中心区才能感知是新中国的首都。所以首都形象塑造也有一个从城市中心塑造向城市整体塑造、体系塑造的目标转变，以适应发展的要求。仅以城市中心区空间调整和长安街延展是不够的。

增强北京城市与国内一般城市的建设区别，减少趋同，是目前和今后北京城市艺术设计的重要问题之一。应当强调“不可替代性”原则，作为实现北京城市艺术设计目标的基础。国家首都城市特色是由于它的城市性质、定位和地位决定的，一般城市是不具有这样的优势的，我们应当充分发挥这个优势。

首都城市的性质和地位决定首都城市的特色定位。应当削弱、减少与体现首都城市性质、地位不一致的元素。

二 北京城市艺术设计的主要问题分析

1. 北京城市历史空间系统保护、现代空间系统创新和生态空间系统发展不平衡

北京城市历史空间美的系统保护、现代空间美的系统创新和生态空间美的系统发展，是北京城市艺术设计体系建设的主要内容，各个系统均需强化、完善，应当协调、统筹、平衡各个系统的发展。

2. 古都与首都功能叠加，造成保护与发展矛盾

这一矛盾始终影响并伴随北京城市艺术设计发展的全过程（见图 11-1）。这个问题需要加以梳理，树立科学的认识态度，建立科学的方法和系统，实现古都保护和首都创新的“二利”，避免“二害”。该严格控制的元素必须控制，需要创新突破的元素，也要大胆突破。学习巴黎经验。

图 11-1 古都保护系统与首都创新系统

黑色代表古都保护系统，白色代表首都创新系统，由于古都保护与首都创新功能重叠形成了灰色部分的城市艺术形态。灰色成了保护与创新的冲突和交织区，致使城市特色模糊。

3. 首都北京城市形象特色需要依赖古都特色的观念具有片面性

古都历史资源保护应当提倡“有多少，保多少”的原则。对出现“造古”“仿古”“复古”的倾向，古典元素“滥用”应当警觉，它会对历史遗产保护产生不应有的“负效应”。首都城市现代创新元素探索力度不够。客观地说，古都形象可以作为北京城市形象的支撑元素之一，如果完全通过古都形象来体现首都“新北京”，其概念本身存在相互矛盾，结果也是可想而知的。

4. 城乡美学趋同，城乡艺术设计发展目标定位模糊

部分镇、乡、村建设定位模糊，盲目模仿大都市，造成对人文环境和生态环境的严重破坏。

应当实施北京“城乡各异”的艺术设计发展理念和目标。镇、乡、村艺术设计应当以自然美、生态美定位为主。限制、降低镇、乡、村简单追求都市美的趋势。实现北京城市中心区“小生态”艺术设计系统和镇、乡、村“大生态”艺术设计系统的统一。

所谓“城乡各异”是指城市中心区发展与郊区镇、乡、村发展定位应当有所区别。城市中心区以城市历史空间系统保护和城市现代空间系统创新为主，而镇、乡、村应当以实现可持续发展的城市生态空间艺术大系统为主。把现在城乡经济发展“不均衡”，作为新的发展观念的“基础”，避免乡村简单地追求都市美。实现北京城市生态美系统的城区“园林化”，乡村“农村化”。

5. 北京城市空间艺术设计形态缺乏创新体系和创新元素

北京城市艺术设计，在 20 世纪 50 年代进行了伟大的奠基性工程，建设了天安门广场、人民英雄纪念碑等国家首都的政治中心、文化中心符号，象征新中国。以后就没有继续从首都北京城市整体空间关系上，进行大规模的整体艺术设计。体现国家首都政治中心、文化中心的艺术设计元素基本上是停留在 20 世纪 50 年代的创建时期。虽然进行了长安街的延展，强化了“神州第一街”的象征意义，但北京城市整体的空间艺术设计体系和元素的建构、运用，缺乏创新理念，空间形态模糊。首都城市精神空间形态的调整机遇，没有很好地把握，被交通功能形态的发展目标制约和替代，未能获得交通空间设计目标与北京城市精神空间目标建设的统一。所以希望通过“广场群”“米字”型轴线等空间象征元素符号，增强首都北京的城市艺术设计感染力。

6. 低估房地产建设对北京城市艺术设计的负面影响

由于城市经济发展，房地产建设的“造城”活动，对城市整体形态的影响与作用日益突出。众多的房地产项目，在不断“蚕食”北京城市整体形态，城市并被不断地“无序营造着”。东西南北的住宅方案“自由表现”。北京城市艺术设计的秩序和意义迷失。

住宅是城市的细胞，是城市艺术设计最基本的元素，是城市特色构成的基本元素。它对人们的心理感知作用、审美判断的影响是直接的、普遍的和持续的。北京城市的住宅艺术设计中出现了不少“不协调”的“噪音”。如何改善现状，应建立分区目标，对区域风格、色彩、形态，进行有序引导，发挥北京城市住宅艺术设计元素的积极作用，增强首都北京的城市特色。

7. 北京城市整体识别系统艺术设计缺失

由于北京城市识别系统缺失，识别系统和元素混乱，难以发挥其作用。城市识别系统的艺术设计具有双重作用：一是具有使用便利的功能作用，是城市公共服务系统的重要手段，它是城市功能完善的必需要素。二是具有城市艺术设计的审美作用，它是城市艺术设计理念的微观层面、人性化层面、个性化层面的具体体现。北京为奥运会进行了识别专项设计，应当积极推进城市整体识别系统的艺术设计与研究，这对改变比较混乱的北京城市识别系统，建构其秩序具有重大意义，符合北京城市的发展定位、地位的需要。

8. 北京城市新建区域扩大，非中心地区和边缘地区特色弱化，边界地标象征元素缺失

随着北京城市市区扩大，能够感知北京政治中心、文化中心特点的区域主要集中在天安门广场地区和长安街沿线。其他区域很少能感知、体现首都政治中心和文化中心的形象。非中心地区和城市边缘地区感知就更为困难。所以需要加强非中心地区和边缘地区的首都北京城市形象艺术设计和塑造。选择重点地段和节点，通过在尺度、高度、造型、色彩上的突破，实现大空间、远距离感知首都北京的城市标志形态设计。改变北京城市新建城区“新形象”特色弱化的趋势。

近二十多年的城市建设，普遍存在“新”得太普遍，“新”得太一般化。在全球化和全国城市大发展时期，塑造新北京形象的压力增大。如果不围绕国家首都政治中心、文化中心的定位作大文章，辐射全国、超越全国、震撼世界将更为困难。

首都北京的新形象的树立，需要鼓励创新，提倡“敢为天下先”的观念，通过原创实现超越和突破，获得特色。

9. 北京城市艺术设计管理缺位

北京城市艺术设计中出现的问题，不仅是理念方面的问题，也有管理方面的问题。“多头”管理是导致问题出现的主要原因。所以必须加强北京城市艺术设计的引导和管理，在城市规划法、建筑法和广告法、行政许可法以及有关条例基础上，尽快建立北京城市艺术设计、建设管理条例。在适应市场经济的条件下，以鼓励创新为基础，制定管理目标、管理方法和条例。以实现城市艺术设计、建设的科学管理、制度管理。

三　北京城市艺术设计体系建构

建构北京城市艺术设计“三系一体”的体系是发展战略的研究基础和主要内容。建构体系是更加整体地、系统地把握首都北京城市艺术设计的主要方向。

通过系统和体系建构，明确影响北京城市艺术设计的主要因素。对各个系统进行目标定位研究，分析各个功能目标取向，以及各系统之间的相互关系。通过整合、统筹、协调原则，实现北京城市艺术设计总体目标。

1. 建立北京城市“三系一体”框架的意义和作用

城市是一个巨大的综合体，城市艺术设计也是这样，可谓包罗万象。在巨大的综合体中，如何针对首都的城市性质定位、地位和发展目标，在现状基础上，进行归纳、分类形成系统、体系，是发展战略方向研究的需要，没有系统和体系是无法制定发展战略目标的。

建立“三系一体”的意义在于解决和走出生态美、历史美和现代美之间交叉、重叠所形成的系统不清、体系不明、相互矛盾、限制不利的“怪圈”。我们通过分离、整合，从根本上解决过去、现在和未来，生态美、历史美和现代美的城市艺术设计面临的主要问题，形成建设目标明确、思路清晰、方向一致的城市艺术设计发展战略理念。

2.“三系一体”的概念

所谓“三系”，是指北京城市艺术设计主要由三个系统整合而成。“一体”，是指首都北京城市是一个整体。

第一个系统是城市生态空间艺术设计系统；第二个系统是城市历史空间艺术设计系统；第三个系统是城市现代空间艺术设计系统。

通过建构三个系统的分离和整合，实现北京城市生态美、历史美、现代美的统一。

由于对生态美、历史美和现代美的认识，受历史和观念的局限性影响，对古都与首都的关系、历史保护和时代创新的关系、生态美与城市美相互作用下孰轻孰重的认识上出现过不少曲折。应通过建构“三系一体”框架，分离出三个系统，明确各自的目标，相互协调，统筹发展。通过对各个系统的功能、现存元素和缺失元素的分析，明确各个系统存在的问题和发展方向。

第一个系统是城市生态空间艺术设计系统，主要体现生态美。生态美是可持续发展观的具体体现，具有战略意义。现存元素：主要在西北部地区，生态美的元素存量大。缺失元素：主要东南部地区，人工形态多，生态美元素单一、稀少。

第二个系统是城市历史空间艺术设计系统，主要体现历史美，古都历史文化遗产具有不可再生的特点，是稀缺资源，是国家文化的主要组成部分。由于历史原因，古都完整性已经破坏，古都还现存一些部分系统和元素。现存元素：皇城、南北轴线、对景、四合院、风景名胜以及古典园林等。缺失元素：城墙、城楼、牌坊、牌楼等。

第三个系统是城市现代空间艺术设计系统，主要体现现代美。北京城市建设主要通过时代性、现代性等具有原创性符号的元素来体现社会主义新中国的首都文化。时代性和现代性是新北京未来城市艺术设计的目标。现存元素：天安门广场、人民英雄纪念碑、20 世纪 50 年代的十大建筑、东西长安街轴线、国家图书馆、国家大剧院等。缺失元素：广场群、米字型轴线，八大节点、对景等。

这三个系统各自独立，相互作用，构成整体。在每一个系统里实现最理想的目标，我们伟大的首都北京城市艺术设计整体魅力就会更加丰富、动人。

四　北京与外国首都城市艺术设计的比较

通过北京与部分外国首都城市艺术设计的比较，可以得到不少启示。

1. 首都功能类型比较

首都功能可分为单一功能和多功能。单一功能与多功能的首都城市艺术设计，均有各自的特色和个性。

（1）法国首都巴黎

巴黎属于多功能首都，城市艺术设计致力于实现古都保护、首都创新和生态发展全面、均衡，对世界各国首都城市艺术设计具有重要借鉴作用。尤其表现在具有丰厚城市艺术设计历史资源的条件下，仍然不断进行创新，通过古代的凯旋门时期、近代的埃菲尔铁塔时期和现代的德芳斯时期的建设（见图 11-2），始终不断地引领世界城市艺术设计的潮流。它既重保护又重创新。不断突破“禁区”，打破“教条”。

（2）美国首都华盛顿、巴西首都巴西利亚和澳大利亚首都堪培拉

它们基本属于单一功能首都类型。建都时间均不长，城市艺术设计历史资源不丰厚。但勇于运用原创精神，塑造国家首都城市形象，获得了成功。所以首都城市艺术设计的形象可以依赖城市艺术设计历史资源，也可以不依赖，不断超越。（见图 11-3，图 11-4）

（3）中国首都北京

北京属于多功能的首都，在相当长的时期，城市艺术设计中的历史资源保护与艺术设计创新之间始终存在矛盾和冲突。形成了遗产保护价值和首都创新价值的对立。进入了“建设即破坏”“保护即限制”的怪圈。不能将“二害”转变为“二利”，始终处于“争论”之中。我们应当树立古都保护和首都创新互为“二利”的理念，在科学认识的基础上，建立科学的城市艺术设计发展理念。（见图 11-5 至图 11-7）

2. 首都功能比较的启示

城市艺术设计的历史资源必须保护，时代特色必须依赖原创。原创需要理想和勇气。与国内和世界城市保持“距离”。展示13亿人口大国的首都城市艺术设计的震撼力：大气、诗意、壮美！

图 11-2　法国巴黎拉德芳斯门
它的建设充分体现巴黎城市艺术不断创新的生命力

图 11-3　巴西利亚城市创新形象
通过现代化、简约而几何化的形象，体现了巴西新首都城市精神，说明创新是创造城市特色的主要驱动力。

图 11-4　巴西国家形象之一——耶稣像
运用宗教题材，采用大尺度的具象的艺术手法塑造城市艺术形象，成为巴西利亚的文化标志。

图 11-5　北京天安门城楼

它不仅是中国传统城市的地标性建筑艺术的符号，也是新中国首都城市艺术形象的代表符号。

图 11-6　北京天坛

天坛是北京城市艺术的传统符号，它体现中国建筑的精湛艺术水平，令人叹服。

图 11-7　天安门广场

首都北京城市艺术形象创新的重要作品，该巨型广场体现了新中国的国家形象。

五　北京城市艺术设计发展战略理念

北京城市艺术设计发展战略，是国家发展战略的组成部分。北京城市艺术设计发展战略，是关于北京城市艺术设计发展的全局性、长远性问题的研究。旨在探讨北京城市艺术设计发展的体系，研究确定北京城市艺术设计发展在较长时期内要达到的目标、要解决的重点问题，以及为实现目标和解决重点问题而采取的方针和措施。

北京城市艺术设计发展战略的理念是：古都保护，首都创新，城乡各异，三系一体，协调发展。发展战略重点是，抓住发展战略机遇期，进行北京城市艺术设计空间结构的新调整、新定位，完善城市空间艺术形态和体系。实现古都保护、生态发展和首都创新的目标，塑造北京城市空间艺术的新形象。

以“继承东方古都精神底蕴，发展北京世界城市活力，体现大国首都精神气质，展现中国诗意城市神韵”为理想，以“今日之规划，未来之遗产”为水准。积极实施“三系一体”的保护战略、创新战略和生态战略。

实现打造中国城市艺术之都、增强北京城市艺术魅力、创建世界城市艺术精品的发展目标。

把北京城市艺术设计的保护战略、创新战略和生态战略作为近期和远期的工作目标。明确三大发展战略目标、方向，抓住时机，进一步深化具体实施方案。以重点突破，以点带面，长期奋战，全面实施首都城市艺术设计三大发展战略。在新中国成立 60 周年至 70 周年时期，实现发展战略目标。

六 北京城市艺术设计发展战略的实施

实施“三系一体”发展战略，整体提升首都城市艺术设计品质。首都北京城市艺术设计必须以北京城市性质、定位、地位为依据。降低或减少与北京城市艺术设计目标相悖的元素。

以“古都保护、首都创新、城乡各异、三系一体、协调发展”为目标。在 20 世纪 50 年代创建的国家首都北京形象的基础上，不断创新，勇于开拓，吸纳城市艺术设计创新元素，加强城市非中心地区和边缘地区艺术设计，增加创新轴线，完善空间体系框架。

1. 实施保护战略：北京城市历史空间艺术设计系统保护

北京是一座具有丰富的历史艺术设计资源的城市。中外学者有过深刻而精彩的表述。我们必须以“有多少，保多少”的原则，全面保护历史文化遗产，珍惜、尊重前人创造。客观地讲，古都留下的遗产已经不多了，今天也更有条件和实力进行保护。应当建立更加严格的保护手段，扩大保护范围，将古代、近代和现代具有价值的城市艺术设计资源均纳入保护范围。尽量保护历史空间系统：轴线，胡同保护区、片，历史空间元素和构件。

2. 实施创新战略：北京城市现代空间艺术设计系统创新

在北京城市空间艺术设计“十”字形轴线的基础上，进行“米”字形轴线的扩展

(见图 11-8),改变“十”字形轴线单一、容量受限的问题(见图 11-9)。增加“广场群”的空间系统元素,强化首都北京城市空间秩序和意义。加强非中心区和城市边缘重点地段、节点的艺术设计。增加城市艺术设计对景元素。建立北京城市识别系统等。

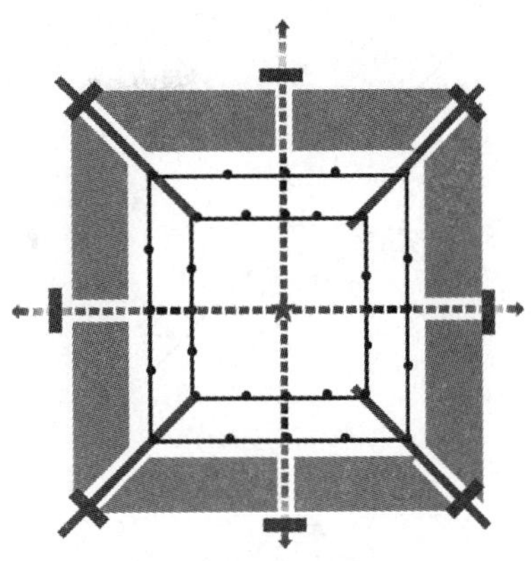

图 11-8 北京城市创新体系与元素
它包括了“米”字形创新轴线的构想,广场群公共空间系统的创新,以及“八大节点”和城市“绿化带”的创意。

(1)“米”字形创新轴线

在“十”字形轴线的基础上,拓展为“米”字形轴线是首都北京城市空间发展的必然选择。

由于“十”字形轴线的南北向是历史轴线,是城市传统的象征轴线,它的延展是有限的。南北轴线是历史的,不宜拓展,拓展具有破坏性,应以相对“静态”为宜。

“十”字形轴线的东西向是现代轴线,是城市现代的象征轴线。它经过 55 年的建设已经十分“丰满”,拓展容量有限,显得“单一”,如果将东西轴线作为唯一发展的现代轴线,向东“无限”扩展,会对北京城市空间形态的均衡发展造成破坏,极易造成内外交通不畅,潜力受限。

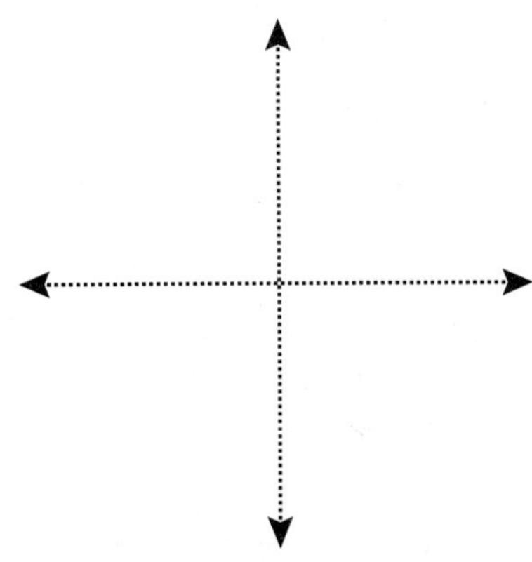

图 11-9 现在北京城市的“十”字轴线
其中的南北是古代城市的“历史轴线”,而东西的“现代轴线”,是 1949 年至今,北京城市不断改造与拓展的新轴线。

“米”字形轴线的空间拓展,能够满足首都北京城市空间未来发展的需要,形成较为均衡的城市空间结构,形成更为典型、丰富的首都北京城市空间形象。

仅依赖“十”字形轴线,城市空间显得单一、单薄,不符合首都未来空间的发展要求。所以必须发展“米”字形的轴线构架和空间形态,增强首都空间扩展构架和容量。

“米”字形轴线的拓展,要形成东南通道、西北通道、西南通道、东北通道。目前只有西北通道的拓展需要做重大调整,而其他三个通道的建设条件成熟,实施和可操作性强。如果实施“米”字形创新轴线,可以改变目前“十”字形的单一轴线格局,提供更加多的发展空间和“展示空间”。实现经济发展空间和理想艺术空间的统一。(见图 11-10)

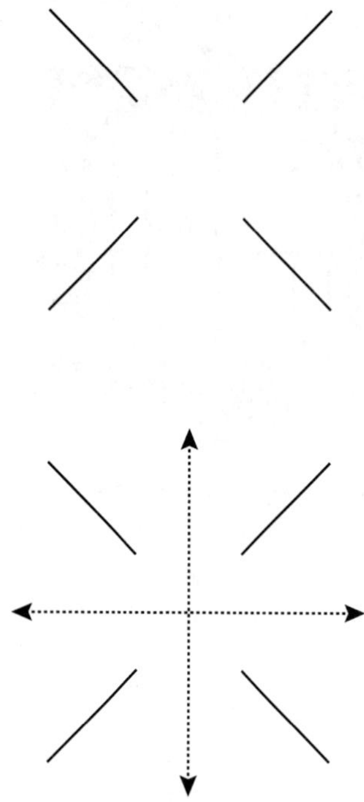

图 11-10　在现状的“十”字形基础上扩展出四条创新轴线，形成“米”字形创新轴线系统，形成历史轴线、现代轴线和创新轴线

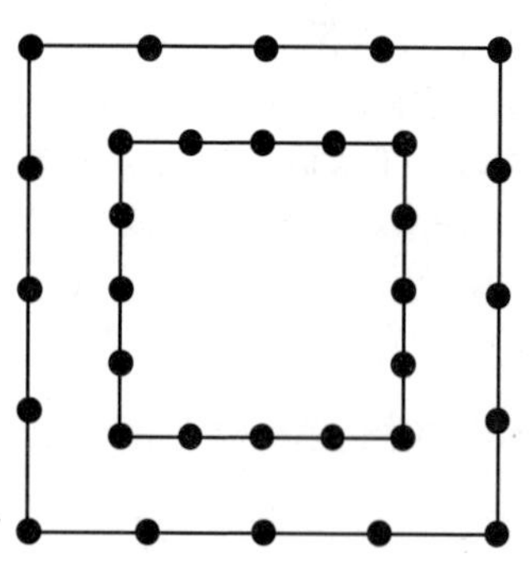

图 11-11　北京城市广场群的空间结构关系图
它以天安门广场为中心点，均衡布置在三环路至五环之间的节点上，形成完整的公共空间系统。

（2）广场群

通过广场群空间概念设计，加强首都北京现代城市的空间形象塑造。广场群由于具有空间组织的系统性，具有较强的象征意义，为国家首都的政治中心、文化中心的理念注入提供了重要载体。广场群系统大的构架是以方形为主，一方面可以加强首都北京城市空间秩序和象征意义，另一方面可以与古都“品”字形和传统城市空间——方形道路网络系统、秩序形成呼应和依托（见图 11-11）。

（3）八大节点

由于首都北京城区扩大，非中心地区和边缘地带的首都形象弱化。可以通过在五、六环地段建设“八大节点”，增强边际效应。为了强调首都北京的门户符号形象，可将“八大节点”设计为“开放门、未来门、振兴门、希望门”等概念。这样进一步强化首都北京城市非中心地区和边缘地区的识别性和象征性。希望在“八大节点”的建设中，勇于突破，通过超高型的 300 米高大尺度和超高尺度的城市标志性门户符号的艺术设计，在城市空间尺度上获得表现力和震撼力，实现在较远距离感知首都北京城市形象标志的可能性。（见图 11-12）

（4）生态艺术带（圈、廊）

加强首都北京城市生态美系统建构，通过城乡差异的特点，发展引导镇、乡、村共同营造首都北京大生态艺术系统。近期将建设的绿化隔离带与艺术设计追求相统一，建设巨型“生态艺术带”，能够体现国家首都的气派。远期将镇、乡、村作为大生态艺术系统的主要元素，真正体现落实“城乡统筹”的科学发展观的精神实质。（见图 11-13）

（5）对景

在继承古都“对景”艺术设计元素传统的基础上，

加强首都北京城市现代“对景”艺术设计元素的运用。在现代空间系统中合理布置“对景”元素。增强首都北京城市空间艺术设计的元素、语汇。

（6）识别系统

建立首都北京城市识别系统手册。通过视觉艺术设计方法，对城市色彩、公共设施、标牌等城市艺术设计构成元素进行系统化、系列化设计。使首都北京城市识别系统达到中国乃至世界一流水平。

（7）增加北京城市艺术设计控制元素

在控制高度、紫线、绿线的基础上，对城市色彩元素、交通工具元素（公交车、出租车）、区域、地段风格元素以及标牌、户外广告尺度等元素，建立控制管理条例、控制指标、标准。

3. 实施发展战略：北京城市生态空间艺术设计系统的发展

加强首都北京城市生态美的系统建构，通过城乡差异的特点，发展、引导镇、乡、村共同营造首都北京大生态艺术系统，实现城乡生态艺术化目标，实现城市绿地隔离地区的第一、第二绿化带艺术化和五河十路生态艺术化目标。

近期将建设的绿化隔离带与艺术设计追求相统一的巨型“生态艺术带”，体现国家首都的气派。完成西山、松山、云蒙山、上方山、百花山、灵山、八达岭、十三陵、喇叭沟门、潮白河等十大森林景观艺术化和自然保护区艺术化目标。

远期将镇、乡、村作为大生态艺术系统的主要元素，纳入生态艺术体系建设之中，真正体现落实“城乡统筹”的科学发展观的精神实质。

①北京城市中心区生态空间艺术设计元素——绿地隔离带、公园、绿地等。通过城市中心区的公园、绿地不断

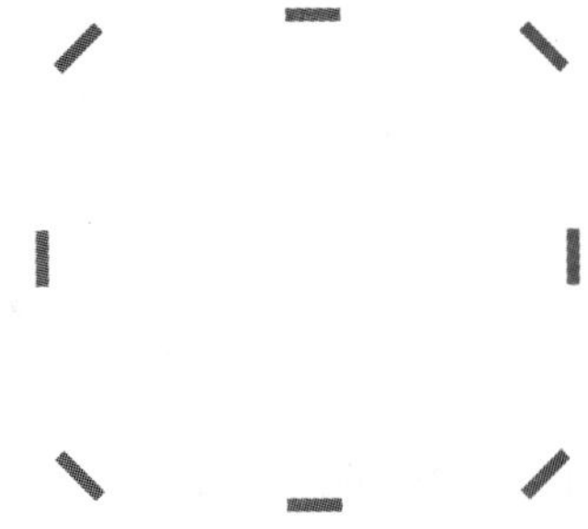

图 11-12　以城市“米”字中轴线与中心城边界交叉形成的“八大节点”

这个“八大节点”是进入北京城市重要文化地标节点。加强“八大节点”的城市地标艺术设计以利于北京城市艺术形象塑造

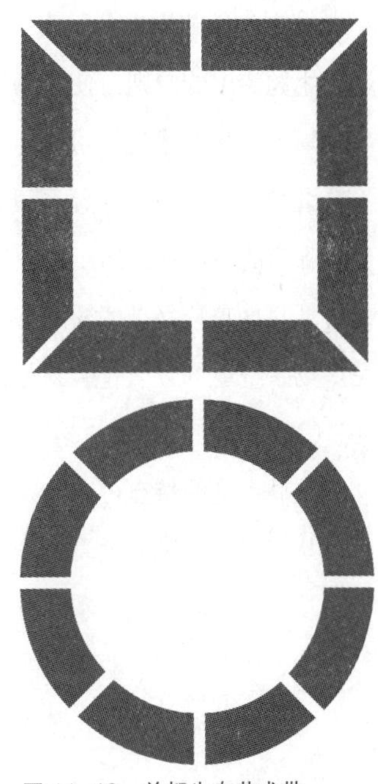

图 11-13　首都生态艺术带

生态是自然系统，将生态自然系统与艺术相结合，形成生态艺术的“现代园林”。让人们在中心城边缘就可以亲近自然，走进露天美术馆，欣赏现代艺术。

增加。形成高密度中有疏朗的空间感。

②北京城市远郊区生态空间艺术设计元素——乡村、自然保护区、田地、林地、草原、湿地、河湖等。通过城市郊区生态空间艺术设计定位，实现郊区“农村化”大生态空间战略，以自然美、乡土美为目标。

③增加首都北京城市公共绿地、公共空间用地指标。在用地平衡压力巨大的条件下，满足首都北京的特殊定位和地位需要，首都北京城市公共空间用地指标应超过国家规定的一般大城市指标。

七　北京城市艺术设计元素

1. 北京城市广场与广场群艺术设计

广场是城市艺术设计的元素之一。广场是城市空间中最具有活力、吸引力和最精华的地方，是散发出浓郁的人文气息的场所。

城市广场艺术设计元素，应遵循选位适当、尺度适宜、功能适用、形式多样、个性鲜明、主题突出的原则，使广场与其他环境组合融入城市空间艺术规划之中。

城市广场艺术设计可以生产认同感、亲切感、凝聚力以及民族自豪感与自信心。

北京城市广场缺乏体系设计，虽有天安门广场作为首都北京城市的中心广场，但与它产生呼应的系统缺乏组织，分散、无序现象突出。

北京城市广场艺术设计应当明确层次，形成系统。国家首都广场群系统建构与一般市民广场系统建构应当有所划分，发挥各自的功能和作用。

（1）广场的类型

从城市功能特点可分为国家广场、城市广场、交通广场、休闲广场等。

从与城市环境的关系可分为从属广场和自主广场。

从城市空间组织系统和元素可分为广场和广场群。

（2）广场与广场群概念的运用

国家首都城市的广场形态：广场、广场群。作为国家象征符号，以主题广场为主，休闲广场为辅。

省会城市广场形态：广场，广场群。作为地区文化象征符号，以主题广场为主、休闲广场为辅。

一般城市的广场形态：广场，广场群。作为城市文化标志场所，以主题广场、休闲功能为主。

社区广场形态：广场。作为社区文化符号，以休闲、娱乐功能为主。

（3）城市广场空间象征体系

国家象征符号——广场、广场群。

城市象征符号——广场、广场群。

社区象征符号——广场。

我国许多大城市的广场，均缺乏广场空间的系统设计，少见广场群空间体系。北京作为国家首都应当在广场空间体系上有更高的要求。但是北京广场群建设理念缺失，没有充分发挥广场群在城市空间组织中的作用，基本上是零散、无序的广场建设，主题模糊，内涵欠缺，形式设计平庸。虽然能够满足人们休闲的需求，但与首都北京城市性质定位、地位存在差距。

北京如果建设广场群，可以加强首都城市空间秩序和象征意义，使北京城市空间具有层次感、整体感、秩序感。这是目前北京城市空间应当进一步完善的重要空间系统和元素。

近二十多年，北京虽然建了不少广场，但体现国家首都定位、地位的广场比较少，与一般城市广场建设的要求并无差异。

2. 北京城市户外广告艺术设计

户外广告是城市艺术设计的元素之一，它具有“双刃”效应，既有“积极”效应，也有“消极”效应。因为，不当使用户外广告元素，会造成极大的视觉“破坏力”；使人“厌烦”；反之，合理地使用户外广告元素，会使城市艺术更加丰富、更具有活力。

户外广告可分为公益广告和商业广告。

城市户外广告应提倡使用公益广告，尊重受众权利。商业广告设置的位置和数量应当加以限定。

由于户外广告形式的特殊性，它的设置对城市整体艺术形式会产生“破坏力”。

“破坏力”主要体现在户外广告与环境的关系中。户外广告多为后设置，对名胜古迹景观、道路、建筑、雕塑等形象形成遮挡，破坏其形象完整性。所以户外广告必须在地段、位置、尺度、形式、色彩等要素上加以限定、规划。

（1）北京城市户外广告艺术设计发展战略

第一个目标，户外广告艺术设计必须符合国家首都北京城市形象定位、地位的特殊要求。

第二个目标，充分合理发挥户外广告的积极作用，降低消极作用。

第三个目标，加强户外广告艺术设计管理，建立“三区”管理概念。

（2）建立北京户外广告艺术设计管理的分区模式，即“三区”

一区为“禁用区”（禁止一切广告）：历史文化名城核心区、政府办公区、军事区、风景名胜区、城市重点景观区等。

二区为“公益广告区”，适宜公益广告。大中小学校周边地区等。

三区为“非禁用区”，商业广告宜放区。娱乐、商业区等。

3. 北京城市道路艺术设计分析

北京城市道路艺术设计，在道路功能使用方面取得了很大成就。道路建设不断，新建、改建、扩建，形式多样。但从艺术设计角度分析存在问题有：形象无特色、全国差不多，形象粗糙，环路艺术设计效果更差。道路功能设计目标明确，道路艺术设计目标滞后，缺乏前瞻性艺术设计理念。

建议通过后续调整，进行道路造型元素艺术设计，使它们产生差别。长安街、二环道路与三环、四环、五环产生明显识别性、艺术化。

4. 北京城市设施艺术设计

北京城市设施艺术设计是城市艺术设计的重要内容。城市设施直接服务于人，如公共汽车站、站牌、休息椅、饮水器、垃圾桶等微观的城市艺术设计元素，从单体感知体量小，可是在城市中使用量大，功能依赖性强。北京目前的城市设施艺术设计更新快，质量差，艺术设计水平不均。

首都北京城市设施艺术设计的方向和原则是：整体化、艺术化、人性化、地域化、便利化。

5. 北京城市建筑屋顶艺术设计分析

建筑是城市艺术设计的重要元素，建筑屋顶是建筑的有机组成部分，由于它的特殊形式和作用，建筑屋顶对城市艺术设计整体产生一定的作用，是控制城市艺术设计风格、特色的重要元素，倍受关注。

北京已经开始探索屋顶艺术设计方面的问题，提出了“平改坡”和“平改阁”等概念，并在前门东大街进行“平改坡”试点。

首都北京城市建筑屋顶艺术设计存在两个方面的问题：一方面是过去遗留的缺失“屋顶”要素的“弥补式”改造，另一方面是新建建筑屋顶艺术设计的定位问题。

改造的依据是什么？改造的目标是什么？如果没有明确的概念，改造近于盲目。

同样，新建建筑屋顶定位仍然是需要明确的概念，不然无法引导。

从“屋顶”艺术设计元素的美学功能目标分析，可以得到这样的启示：城市艺术设计的风格定位、特色区划势在必行。而确定首都北京城市艺术设计的风格定位、特色区划，需要花大量的人力、物力的投入，研究出一套具有说服力，操作性较强的办法，实现首都北京城市艺术设计目标。

6. 北京城市色彩艺术设计

城市色彩艺术设计是首都北京城市艺术形象塑造和感知的重要元素。

城市艺术设计的色彩形成有几方面的因素：历史因素、地理因素、文化因素和生理因素。由于四个主要因素相互作用，使得城市色彩显得多样纷杂。城市色彩艺术设计首先需要分析城市色彩形成的必然原因和偶然原因，分析原因形成的条件，哪些因素具有什么作用、什么地位、什么价值，必须做出取舍。对城市艺术设计色彩价值缺失的地区，做出引导，进行城市色彩艺术设计定位。

首都北京城市色彩艺术设计主要有历史色系、现代色系和未来色系。历史色系构成由皇城和民居组成。现代色系（现状）构成主要由现代大公共建筑色彩和住宅色彩组成。未来色系（创新）构成尽管是属于发展范畴，但可以通过预测，进行色彩前瞻性分析，引导艺术设计方向。

城市色彩艺术设计具有一定的主观性。城市色彩艺术设计受到流行、时尚等因素的影响，表现出一定的非理性特点。

城市色彩艺术设计的手段有两种：一是协调方法，二是对比方法。协调方法和对比方法，是须在不同目标下所采取的不同方法，切忌简单化。城市色彩艺术设计定位，一般以历史元素和创新元素为基础。

由于城市形态类型多样、系统复杂，所以城市色彩艺术设计原则基本以协调为主，对比为辅。处理不同类型的色彩关系时，应当制定原则。城市历史环境色彩应当尊重，后续色彩应当尊重先前色彩环境，与之协调，在彼此同等的定位、地位中，可以强调各自的个性，形成丰富的效果。色彩艺术设计是城市识别系统的元素之一。在城市识别系统中，制定色彩识别系统具有重要意义，应发挥其使用功能和审美功能的作用。

首都北京城市色彩艺术设计需要制定科学规划，建立近期规划和远期目标。

7. 北京城市公共艺术及雕塑艺术设计

首都北京城市公共艺术及雕塑艺术设计，应以体现国家首都定位、地位为目标，减少平庸作品，建立科学的作品筛选机制。

经过 55 年的发展，在不同的历史时期，都产生了一批优秀作品，对首都北京城市艺术设计产生了积极作用。同时，在发展过程中也存在不少问题。一方面是数量大、质量低。另一方面是建设理念与首都城市性质定位、地位存在差距。

体现国家首都北京城市性质定位、地位的城市公共艺术及雕塑艺术少，许多作品水平在其他一般城市也随处可见。作品来源和选择层次混乱。

因此，北京城市公共艺术及雕塑艺术健康发展亟待解决四个方面的问题：一是作品来源；二是作品选择模式；三是作品概念定位；四是管理方式。

针对这些问题提出如下建议。

①可以全国美术展览、国家级、全国性公共艺术和城市雕塑展中的获奖作品作为来源基础。

②采购世界级、国家级公认的具有极高审美价值的作品（原作和复制品）。

③专项主题公共艺术及城市雕塑作品应设立严格的评审委员会专家库，从百名专家库里随机抽取十位匿名评审专家。建立公开、公平的评选优秀作品的机制。

④作品必须经过社会公开征集和专家评审产生。

⑤制定首都城市公共艺术及城市雕塑规划，依据规划条例实施。

8. 北京城市照明艺术设计

照明艺术设计给城市带来绚烂的审美享受。北京作为国家首都，在重大活动和节日时，通过夜景照明艺术设计，在重点地区表现国家首都的辉煌、亮丽、妩媚和活力。

应当思考如何科学地建立首都北京城市照明艺术设计目标，针对不同地区，采取不同手段，实施不同的照明艺术设计方案。

不仅要考虑夜晚照明效果，同时必须关注白天的灯具形式，对城市艺术设计整体环境的影响。对城市照明灯具造型艺术设计，实行“三统一”，即区域范围统一，风格定位统一，尺度统一，改变城市照明灯具杂乱无序的状况。

应当防止片面强调照明艺术设计效果所带来的光环境污染。建立科学使用照明艺术设计元素的理念，防止“滥用”，对影响人们户外活动的照明方式应当禁止。

9. 北京城市尺度艺术设计

首都北京城市艺术设计离不开尺度要素的运用。

城市在不同历史阶段，形成不同的尺度关系。1949 年以前的古都北京的尺度在当时的情况下，与其他城市比较属于超大型尺度的城市。比一般城市尺度要高、大了许多，以体现都城性质定位、地位。

新中国首都北京城市尺度的艺术设计，在 20 世纪 50 年代取得了成功，科学使用了尺度手段，表现大国首都应具有的气魄。但在近 20 年的城市艺术设计中，尺度元素使用成功的例子不多。导致在感知城市艺术设计形态时缺乏节奏感，震撼力和亲和力严重缺失。所以我们在制定城市艺术设计发展战略目标时，应把尺度元素作为城市发展的一项控制目标加以研究，而不是简单制定单向的控高标准。所谓“单向”控制要素，是指只能满足一个目标控制要求的要素，但它同时也抑制别的地段尺度突破的需求。

10. 北京古都老城门与首都北京新门户标志设计

北京作为历史文化名城，有着悠久的历史。古都有十几个城门，它们是古都出入的标志，极具象征意义。由于种种原因大部分已被拆除，仅存几个。

古都城门是城市重要的艺术设计元素，体现城市空间秩序、空间层次、空间节奏，景观作用十分突出。

新中国的首都北京，城市建设扩展已经是古都的十几倍，建议在巨大的新建城区的边缘，建设“八个门户”城市标志，使其具有新旧呼应、新旧整合的作用，体现历史延续和发展创新的统一关系。创造感知新北京的国家首都形象，充分发挥现代“城门”艺术设计元素的价值。

综上所述，北京城市艺术设计发展战略要点是：古都保护，首都创新，城乡各异，三系一体，协调发展。

第二节　河南浚县云溪广场设计方案

河南浚县是国家级历史文化名城，也是唯一的县级国家级历史文化名城，云溪广场位于县城中心，是浚县县城的中心广场。该项目是在历史文化名城保护的背景下，对挖掘公共空间功能与城市艺术设计特色方面进行的探索，旨在通过城市艺术设计与创作表现城市历史底蕴和特色。

该项目希望把云溪广场作为浚县城市文化创新的一个战略和精品工程，把云溪广场建设成为河南具有影响力、吸引力的广场。

一　项目背景

云溪广场位于卫河路与丁香街东南角，占地约320亩，其中广场占地约120亩，房地产开发约200亩，120亩广场设计包括平面布置图、效果图及施工图，200亩房地产开发项目设计包括平面布置图、效果图。

1. 浚县概况

浚县，古称黎阳，西汉置县，位于河南省北部，卫河之畔，隶属省辖市鹤壁市。

浚县位于河南北部，北距首都北京548公里，南距省会郑州165公里，卫河蜿蜒纵贯全境，淇河沿西部边界南流，处于安阳、濮阳、新乡、鹤壁等市辐射带的中心位置。县域面积966平方公里，耕地91万亩，辖7镇2乡，456个行政村，总人口63.6万。浚县交通便利，基础设施完善。京珠高速公路穿境而过，鹤濮高速公路横贯县北，境内公路四通八达。城区道路宽敞，城容与市貌整洁。

2. 特色资源

浚县民间艺术源远流长，工艺品久负盛名，是中国民间艺术之乡。民间泥玩距今有1200余年的历史，以种类繁多、造型奇特、风格各异著称，中国美术馆、中央美术学院均有收藏。

石雕石刻业历史悠久、名家辈出，能工巧匠曾参加过北京十三陵、北京人民大会堂、南京中山陵等多地著名建筑和风景名胜区的建设，产品有牌坊、狮、羊、碑等50余种，远销国内外。

起源于隋末的“泥咕咕”是浚县特产，“泥咕咕”是浚县民间对泥塑小玩具的俗称，因为能用嘴吹出不同的声音，所以形象地称之为“咕咕”。

浚县古庙会历史悠久。明代中期，浮丘山正月会兴起并逐渐发展。

3. 上位规划分析

依据《河南省浚县总体规划（2006~2020）》中的规划内容：确定云溪广场周边主要城市功能为行政办公用地、居住用地和绿地，将来广场在功能定位上可以市政广场为主，休闲广场为辅。确定云溪广场为浚县城市空间中规模最大的广场，且靠近城市核心绿化区，从生态景观角度来讲，是一处景观效果极好的地块。

二　广场设计研究

1. 一般城市广场设计研究

城市广场是市民活动中心，是城市开展政治、经济、文化等公共活动的空间，是城市居民公共活动最频繁和最集中的场所。

重点和主要的城市广场是城市结构的核心地区和城市功能的重要组成部分，是城市公共建筑和第三产业的集中地，集中体现城市的经济社会发展水平。

城市广场是城市形象精华所在，具有标志性功能。一般通过建筑物与街道、绿地等空间要素有机结合，充分反映历史的特征和时代的要求，形成富有特色风格的城市公共空间环境，以满足市民使用和观赏的要求。

城市广场有几个类型：综合性广场、市政广场、交通广场、文化广场、商业广场、休闲广场、博览会展广场等。

2. 云溪广场设计研究

（1）设计构思来源

地域与历史；庙会文化与公共活动场地需求；牌楼文化；黎阳石狮；浚县八大景。

（2）云溪广场的艺术特色

纳中国文化、北方文化、河南文化与浚县文化为一体并进行大规模装饰性广场艺术实践。

（3）空间艺术

广场空间布局上，强调儒家文化礼制空间秩序和逻辑性。引导组织城市空间形态和结构。广场形态能够充分满足礼仪空间、观演等类型活动的要求。周边布置购物、餐饮等消费一体化结构。形成文化中心、娱乐中心、休闲中心，聚人气。

（4）充分发挥石雕艺术优势

广场地面进行艺术创新，创作中国第一个大量使用地景艺术语言进行的独特的广场艺术设计，形成中国城市广场一大特色，世界广场装饰艺术之最。通过空间艺术轴线与牌楼，通过立体艺术雕塑造型，通过平面艺术浮雕、地景、地锦艺术，通过浚县八大景装饰及舞台功能的空间抬升变化，通过广场标志符号牌楼与狮子，以及广场灯光和广场水景观等要素营造广场特色。

在“古为今用”和“推陈出新”上下功夫。运用了传统元素但却感觉有新意、有创新、有古韵。

广场就是城市客厅，客厅中央布置富有特色的景观，以体现主人的审美和文化内涵。

城市艺术精品贵在精雕细琢，极为到位的工艺，极为高妙的创意方案。高投入高收益。有些城市广场定位不准，不投入显然很难收益。

3. 云溪广场设计相关基础研究

（1）浚县城市形象以及符号研究

浚县历史文化名城的文化资源及符号之一：黎阳石狮。

作为浚县历史文化名城重要资源之一的大伾山天宁寺有一对北齐时期的石质圆雕双狮，造型雄壮威武，具有独特艺术个性。

应当充分认识到尽管浚县历史文化资源丰富，但作为城市符号的、标志性的、可以多方位展示和利用的符号并没有得到有效的形象化的定位和推广，导致了资源利用的闲置与浪费。

这次借浚县云溪广场设计之际，以“推陈出新，古为今用”思想作为指导，通过挖掘和梳理浚县的历史文化资源，提出把双狮作为浚县城市形象符号加以挖掘与利用。它是一个具有标志性意义的符号，具有文化和经济影响力及造型艺术元素，是区别于周边地区文化特色的重要内容。

有了广场可以满足庙会等各种集会活动，有了“黎阳狮”可以明确浚县的城市形象符号，有利于浚县城市文化的营销。

浚县历史文化名城的文化资源及符号之二：二十四节气柱。

二十四节气是我国劳动人民创造的辉煌文化，它能反映季节的变化，指导农事活动，影响着千家万户的衣食住行。由于几千年来，我国的主要政治活动中心多集中在黄河流域，二十四节气也是以这一带的气候、物候为依据建立起来的。但我国幅员辽阔，地形多变，故二十四节气对于很多地区来讲只是一种参考。远在春秋时期，就定出了仲春、仲夏、仲秋和仲冬四个节气。之后不断地改进与完善，到秦汉年间，二十四节气已完全确立。公元前104年，由邓平等制定的《太初历》，正式把二十四节气订于历法，明确了二十四节气的天文位置。

在古代，一年分为十二个月纪，每个月纪有两个节气。在前的为节历，在后的为中气，后人就把节历和中气统称为节气。

二十四节气是根据太阳在黄道（即地球绕太阳公转的轨道）上的位置来划分的。视太阳从春分点（黄经零度，此刻太阳垂直照射赤道）出发，每前进15度为一个节气；运行一周又回到春分点，为一回归年，合360度，因此分为24个节气。节气的日期在阳历中是相对固定的，如立春总是在阳历的2月3日至5日。但在农历中，节气的日期却不大好确定，再以立春为例，它最早可在上一年的农历十二月十五日，最晚可在正月十五日。现在的农历既不是阴历也不是阳历，而是阴历与阳历结合的一种阴阳历。农历存在闰月，如按照正月初一至腊月除夕算作一年，则农历每一年的天数相差比很大（闰年13个月）。为了规范年的天数，农历纪年（天干地支）每年的第一天并不是正月初一，而是立春。即农历的一年是从当年的立春到次年立春的前一天。例如2008年是农历戊子年，戊子年的第一天不是公历2008年2月7日（农历正月初一），而是公历2008年2月4日。

浚县为农业大县，通过二十四节气文化表现，可以充分展示农业产业发展的文化特色。

（2）云溪广场的功能研究

一是满足和强化浚县庙会的历史文化特色，满足浚县节庆庙会大型集会活动之需要，强化庙会文化在浚县城市形象和文化产业中的特殊意义和作用。因此广场设计在浚县具有特殊价值。二是提供城市休闲娱乐的公共空间场所，满足人们户外活动的要求。三是满足城市防灾避难场所的要求。

（3）儒家礼制思想的影响研究

儒家思想在我国古代的城市规划和建设中产生过深刻的影响。我国的不少城市都是按照儒家传统的礼制规划、建设起来的，突出以“礼”为本，严格讲求方正端庄，泾渭分明，中轴对称。

这种思想在两个城市中表现得尤为突出明显。首先是北京。《周礼》考工记中有如下一段话：“匠人营国（规划人员在设计都城时），方九里，旁三门。国中九经九纬，经涂九轨，前朝后市，左祖右社（左面是太庙，右面是社稷坛），市朝一夫。”可以说北京是最完整地反映了《周礼》的思想，几乎完全是按照《周礼》的模式建设的一个城市，因此梁思成先生对它作了极高的评价，这是国内外一致公认的。还有一个城市就是山西平遥。这个城市也是比较全面地反映了“礼制为本”的特点。首先，中国古代的城市，等级和规模均有国家的典章制度，按“礼”序标准，作具体的规定，不能逾越。首都是方九里，然后按伯、子、男的等级，大的方七里，次的方五里，县城则一般方三里。平遥这个县城是符合这一规定等级的。

表现在布局上，要体现“辨方正位”。所谓辨方正位，原是《周礼》这部儒家经典关于都城的规划、建设、管理的总纲。原文是这样说的：“惟王建国，辨方正位，体国经野（都城规划时市区与郊区，城和乡要统一规划、统一考虑），设官分职（设立官职，分职管理，不仅重视建设，而且重视管理），以为民极（使都城成为治民的中心，重视城市的中心作用和辐射作用）。”中国的城市（甚至建筑院落）无不追求“人、天地、建筑”之间的“和谐”。这种“天人合一”的规划思想，为当前国内外规划师所推崇。

以“礼”序和习俗的布局程式，中轴线往往成为广场的骨架。

中国的环境设计往往重视南向。一是由于面南背北为尊的原因。二是由于一日之中，正午的南方，太阳走到了最高点，阳气达到最盛。三是因为经纬交织，井然有序，动静分明，主次清晰。儒家文化中有不少合理内核，至今仍然可以作为我们中华民族宝贵的传统文化财富加以利用。西方文明比较重视技术，强调征服、改造自然，儒学文化则比较重视自然，强调遵循自然的秩序。

（4）中国城市镇物与吉祥文化研究

① 中国城市镇物

古代风水术重视“镇法”和“镇物”，各类风水吉祥物或镇物有许多讲究和功能，常见的镇物有“泰山石敢当”“厌胜塔”“八卦牌”“石狮子”“兽面牌”“桃符”“镇符”等。用于保护城市平安的镇城之物，莫过于中国的五大“镇物”。研究中国吉祥文化，应当研究我国历史文化名城的布局及它们的文化影响。

明清时，中国城市中出现了五大镇物，是依据金、木、水、火、土五行相生相克的理论形成的。

在北京的东、西、南、北、中五个方位设置了五个镇物，用来震慑妖魔，以确保城市安全。东方属木，镇物是广渠门外的金丝楠木；西方属金，镇物是觉生寺（大钟寺）的大钟；南方属火，镇物是永定门的燕墩；北方属水，镇物是颐和园昆明湖边的铜牛；中央属土，镇物是景山，景山聚土为镇山。

大钟寺始建于清朝雍正十一年（1733），是皇帝祈雨的佛寺，原名觉生寺，因建寺当年从万寿寺移来明朝永乐二年（1404）铸造的大钟而得名。此钟高 6.75 米，重 46.5 吨，有“世界钟王”之称。

大钟铸造精致，采用我国优秀传统工艺无模铸造法，体现了我国古代冶炼技术的高超水平。钟声轻击圆润深沉，重击浑厚洪亮，音波起伏，节奏明快幽雅。击钟时尾音长达两分钟以上，钟声传送距离为 15~20 公里。

颐和园昆明湖边的铜牛，卧伏在雕花石座上，以神态生动、形似真牛著称。清乾隆二十年（1755）用铜铸造，称为“金牛”，据传是为镇压水患而建。牛背上还铸有八十个字的篆体铭文《金牛铭》。

景山现称景山公园，在明代叫万岁山。

乾隆年间，依山就势在五个小山峰上各建起了一座亭子，依东往西依次的名称是观妙、周赏、万春、富览、辑芳，每座亭中供奉一位铜佛，即代表酸、苦、甘、辛、咸五味的神灵。昔日景山中峰的万春亭为北京的高点，在此可观赏紫禁城全景。景山东坡下面有一棵古槐，是崇祯皇帝自缢的地方。

② 中国吉祥文化

老北京城的建筑是中国易经风水应用的最高杰作之一，北京城对中国吉祥文化的应用非常深刻地在阴阳五行、吉祥物等方面体现了中国古人的智慧和高瞻远瞩。

吉祥文化不是中国特有的文化现象，它根植于本土的民俗观念。吉祥二字典出于春秋的《庄子》，其曰："虚室生白，吉祥止止。"唐代成玄英又疏："吉者，福善之事；祥者，喜庆之征。"这是吉祥文化的最早释义。

古往今来，吉祥文化的内涵随历史延续而发展，其社会功能涉及祈福纳吉、伦理教化和驱邪禳灾诸方面。

世界各国吉祥文化的发展及内容千差万别，但是，人类对美好事物和生活的向往追求是相同的。

吉祥物是吉祥文化物质与精神的统一体，是本土艺术形式与传统工艺相融会的结晶，是人文内涵丰富的历史印迹。现代吉祥物多以民间美术为主要载体，旨在营造吉瑞环境，寄托民众的美好理想与心愿。寓意吉祥文化的图像称"吉祥纹样"或"吉祥图案"，按图像性质又有祥瑞图、瑞应图、符瑞图之分。寓意吉祥文化的民艺题材浩如烟海，涵盖社会生活的方方面面，融会于百姓的生产劳作、人生礼仪与岁时活动中。民间美术中的吉祥文化题材大多有"说法"、有"讲究"，约定俗成，流传广泛。吉瑞的主题常以借代、隐喻、比拟、谐音等手法演绎，如借"桃"代"寿"，借"牡丹"代"富贵"，借"石榴"代"多子"，以"羊"隐喻"孝"，以"八仙"隐喻"祝寿"，以"梅、兰、竹、菊"比拟"君子德行"，以"荷"比拟"品行清廉"，以"蝠"谐音"福"，以"鹿"谐音"禄"，以"鸡"谐音"吉"，等等。

吉祥文化图像的工艺表现极为丰富，按材料工艺分类有：雕塑、金属工艺建筑、环境装饰、玩具等。

"福、禄、寿、喜、财、吉"是吉祥文化的核心内容，是彼此关联而又各具特色的吉瑞主题。体现六大主题的民间美术，特别是那些原生态的传统吉祥物品，不仅艺术形式质朴、生动，工艺制作美轮美奂，而且寓意深刻，文化内涵丰富。

（5）庙会的研究

庙会，又称"庙市"或"节场"，这些名称，可以说正是庙会形成过程中所留下的历史"轨迹"。作为一种社会风俗的形成，庙会有其深刻的社会原因和历史原因，而庙会风俗则与佛教寺院以及道教庙观的宗教活动有着密切的关系，同时它又是伴随着民间信仰活动而发展、完善和普及起来的。

东汉时期佛教开始传入中国。同时，这一时期道教也逐渐形成。它们互相之间展开了竞争，在南北朝时都各自站稳了脚跟。而在唐宋时，则又都达到了自己的全盛时期，出现了名目繁多的宗教活动，如圣诞庆典、坛醮斋戒、水陆道场，等等。

原来属于民间信仰的报赛酬神活动，纷纷与佛道神灵相结合。其活动也由乡间里社逐渐转移到了佛寺和道观中进行。在佛、道二教举行各种节日庆典时，民间的各种社、会组织也主动前往集会助兴。这样，寺庙、道观场所便逐渐成为以宗教活动为依托的群众聚会的场所了。

这些宗教活动逐渐世俗化，也就是说更多地由民间俗众出面协商举办。这种变化，不仅大大增加了这些活动自身的吸引力和热闹程度，也使这些活动中的商贸气氛随着群众性、娱乐性的加强而相应增加。在宗教界及社会各界的通力协助下，庙会活动得到了进一步的发展。

虽然这一时期的庙会不论从数量还是规模，在全国都已形成蔚为大观的局面，但就庙会的活动内容来说，仍偏重于祭神赛会，而在民间商业贸易方面相对薄弱。庙会的真正定型、完善则是在明清以后。

早期庙会仅是一种隆重的祭祀活动，随着经济的发展和人们交流的需要，庙会就在保持祭祀活动的同时，逐渐融入集市交易活动。这时的庙会又得名为“庙市”，成为中国市集的一种重要形式。随着人们的需要，又在庙会上增加了娱乐性活动。于是过年逛庙会成了人们不可缺少的内容。但各地区庙会的具体内容稍有不同，各具特色。

浚县有着丰富而独特的庙会文化，云溪广场的设计与建设，可以充分展示浚县文化的特色与魅力。

三　项目理念与定位

1. 规划要求

（1）规划构思与布局要求

满足市民公共活动中心的要求，体现开放；满足大众广泛参与的城市文化精神；具有良好的领域感；选择规整布局形式。

（2）设计手法

运用隐喻和象征手法，运用空间序列元素组织空间形态和形象，通过广场设计元素的轴线、排列与空间结构，形成活动方式引导和视觉方式引导。对公共设施如灯具、休息椅以及公共艺术品的牌楼和石雕等进行设计。

2. 规划原则

① 严整大气的开放布局以体现公共性、开放性。

② 浓厚鲜明的地方特色以体现个性、地域性、艺术性。

③ 实用便利的功能设计以体现便捷性、安全性和可达性；便于停留和活动。

④ 效益最优的一场多用，将“专场专用”转变为“一场多用”。

3. 规划定位

① 总体定位：城市广场和公共活动中心，是地域、历史和生活方式的投影。

② 地域与历史特色展现河南豫北文化和历史文化名城。

③ 休闲生活特色，通过庙会、社火、表演等体现。

④ 广场的文化功能在于提供浚县地域和历史文化体验空间。

⑤ 广场的休闲功能在于提供作为市民身心活动空间。

⑥ 广场的旅游功能在于提供重要的旅游新景点。

四　方案设计

这是一个以延续和发展浚县历史文化名城特色为定位的广场设计。以“推陈出新”和“古为今用”作为指导原则。我们认为“推陈出新”就是在继承和保留传统的基础上，进行发展。

云溪广场一号方案进行延续和复兴型规划设计，包括以下几个方面。

① 采用富有儒家礼制文化秩序的空间结构进行空间布局规划（见图 11-14 至图 11-21），形成一个具有中国传统的城市公共空间意象。

② 采用传统景观元素牌楼，进行空间组织和尺度设计。

③ 在广场中央设置一个露天戏台，以满足人们在广场观演的需要。

④ 在露天舞台四个角设置北齐石狮，形成一个广场视觉和活动中心，通过挖掘浚县北齐时期石狮作为广场中心符号，希望北齐石狮成为浚县历史文化名城的新的城市符号。

⑤ 广场地面采用地景艺术设计方法，集中发挥当地石雕艺术优势，进行大面积石雕地景艺术设计。通过石雕地景容纳和表现浚县丰富的历史文化，形成我国独一无二的具有鲜明特色的城市广场。增加浚县八大景艺术特色。

⑥ 通过广场轴线连接商业区和居住区，可以通过轴线以及牌楼组织形成一个整体的、艺术风格鲜明的整体环境。

⑦ 完善广场公共设施，配有旱喷泉，休息椅和导向系统等。

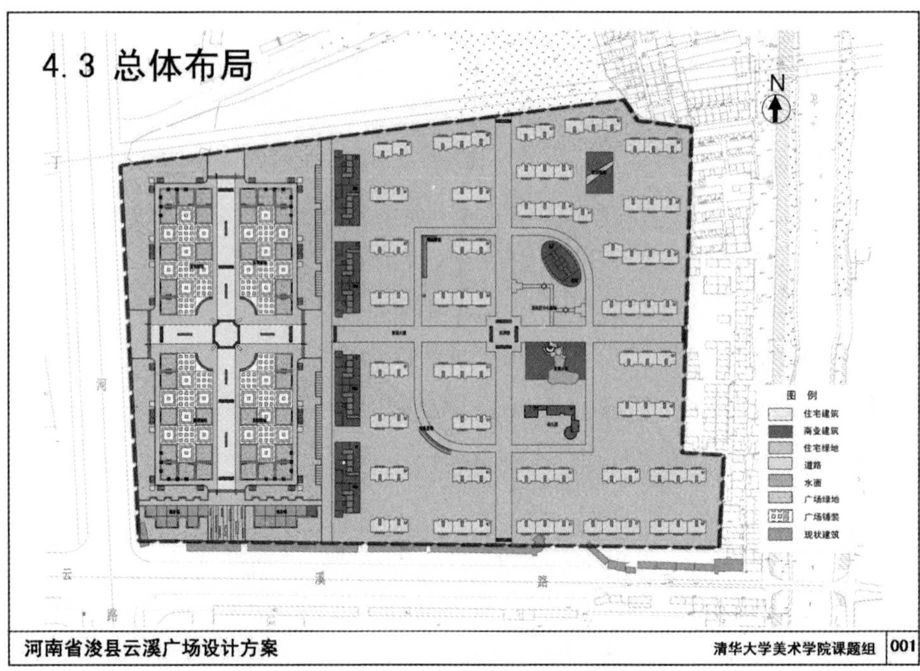

图 11-14 浚县云溪广场规划设计方案：总体布局图

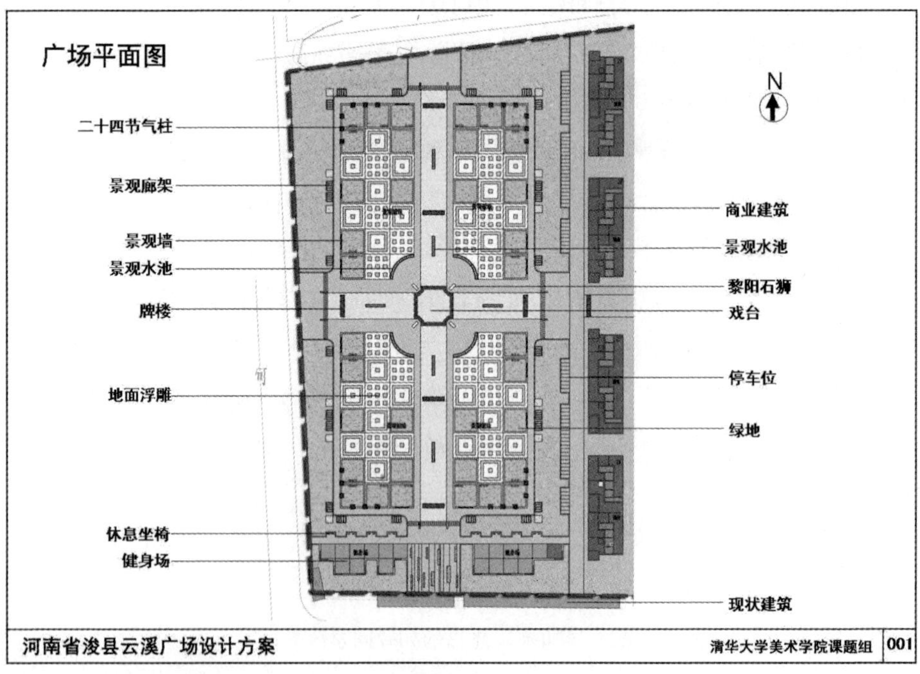

图 11-15 浚县云溪广场规划设计方案：广场平面图

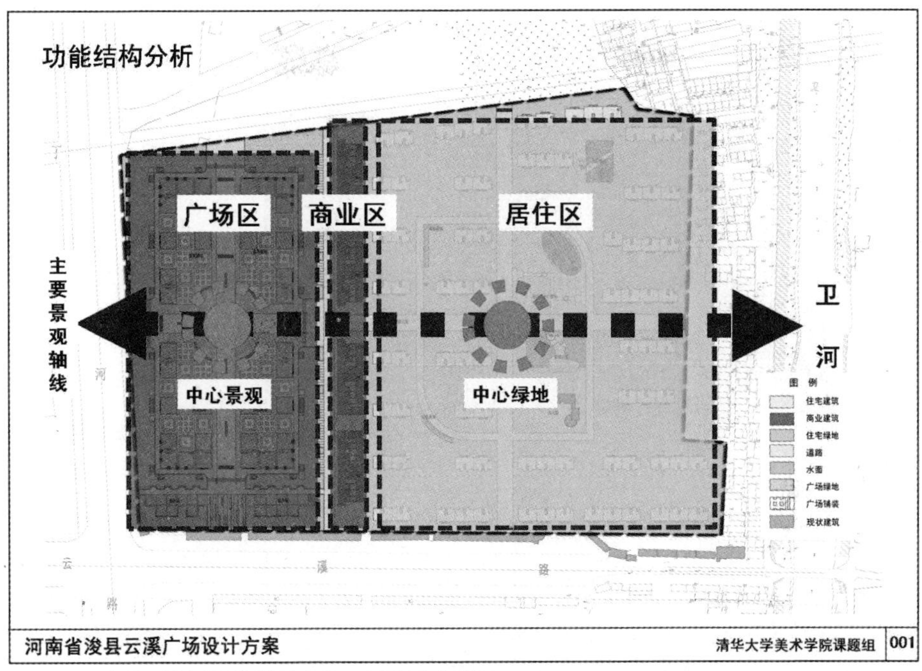

图 11-16　浚县云溪广场规划设计方案：功能结构分析图

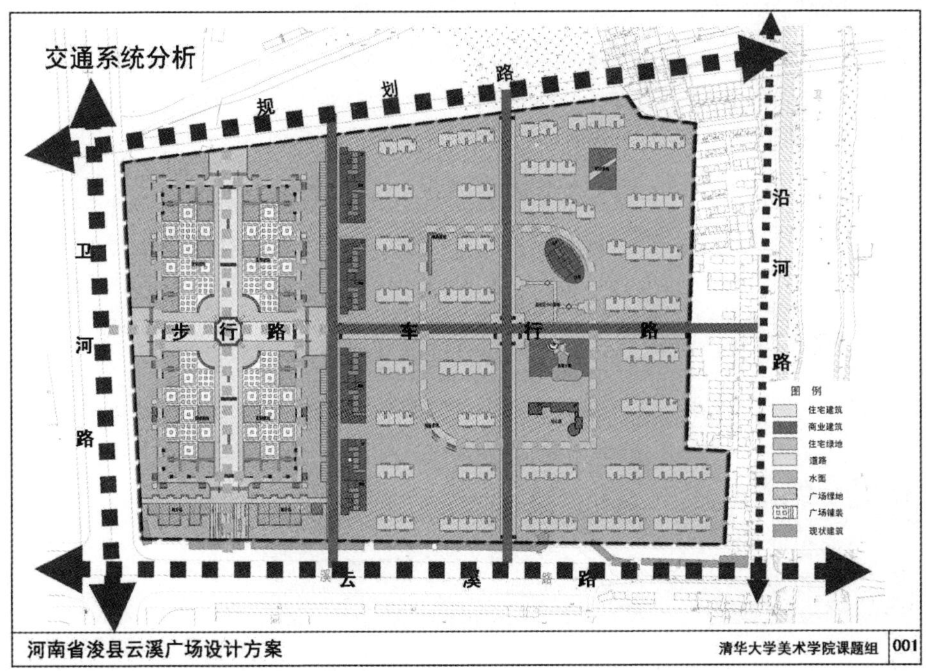

图 11-17　浚县云溪广场规划设计方案：交通分析图

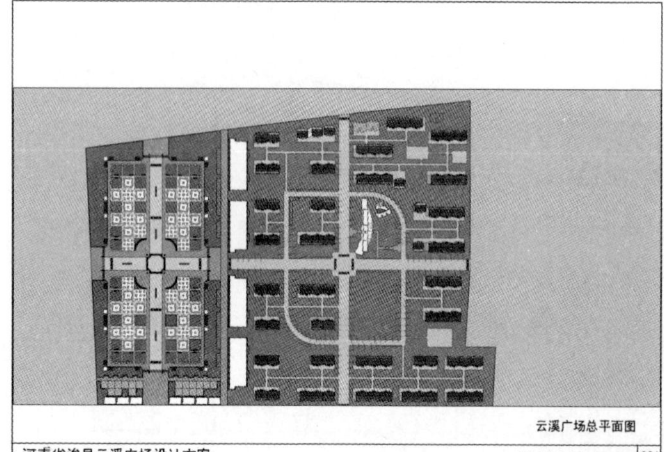

图 11-18 浚县云溪广场规划设计方案（总平面图）

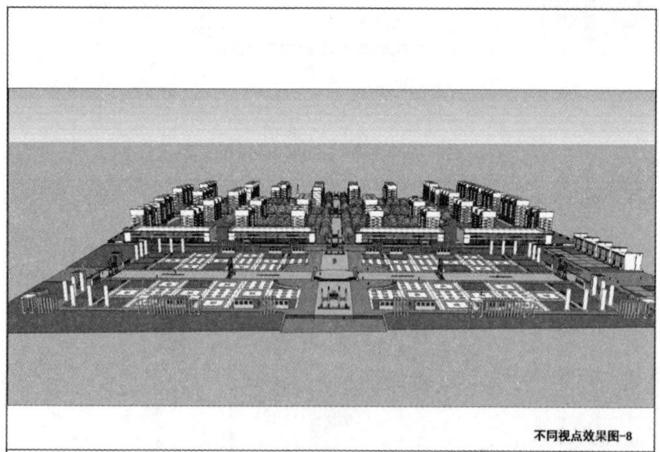

图 11-19 浚县云溪广场规划设计方案（效果图 1）

图 11-20 浚县云溪广场规划设计方案（效果图 2）

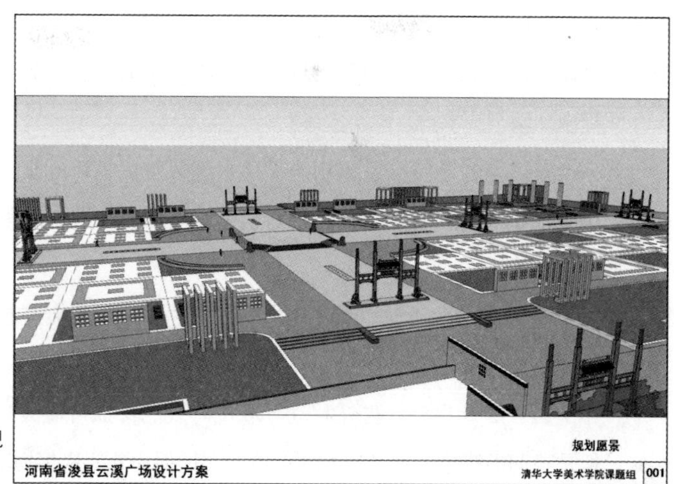

图 11-21　浚县云溪广场规划设计方案（效果图 3）

第三节　河南开封市区户外广告专项规划设计方案

该专项规划设计强调控制与营造两个系统的特殊意义与作用，通过研究控制与营造的不同内容实现城市艺术设计目标。

开封古称汴梁，位于河南省东部，是国务院首批公布的 24 座历史文化名城之一，是中国优秀旅游城市。

开封市政府以及城市管理局领导高度重视开封的城市发展，高度重视户外广告的规划与管理，提出开展开封市区户外广告规划。

以总结历史经验为基础、以分析现状为前提、以理想化探索为目标，在经过大量调研的基础上，通过问卷、座谈会、专访等形式了解情况、征询意见，对宏观、微观层面进行分析、归纳，发现存在的主要问题，完成开封户外广告总体规划、详细规划以及老城区和新城区十五条重点路段详细规划设计方案。

一　本次专项规划成果的主要特点

一是重视研究开封历史文化名城风貌的保护；二是重视研究移动互联网时代户外广告的传播发展趋势；三是重视户外广告信息传播的基础研究；四是重视世界著名城市户外广告规划案例的经验研究；五是重视开封城市历史与城市空间特征的研究；六是重视公众与

专家意见。在这些工作的基础上，实事求是，突破常规，大胆创新，提出富有创造性和建设性的总体规划理念以及详细规划设计引导方案。其成果归纳如下：

①提出“两个基本点、一个突破”。

第一个基本点：开封国家级历史文化名城风貌保护目标是户外广告规划的基本点之一。为了保护和恢复城市风貌，必须将影响和破坏城市建筑完整性和街道完整性的户外广告取消。

第二个基本点：移动互联网时代户外广告的传播价值衰减趋势是户外广告规划的基本点之一。

一个突破：尽管户外广告在移动互联网时代的传播价值衰减，处于“生死存亡”的边缘。但是我们仍然挖掘其具有的新价值，即地面户外广告传播功能与营造城市特色的价值。这个价值与有限功能结合是户外广告规划未来存在与发展的基础，也是开封城市户外广告规划的一个突破。

②提出了“控制与营造”并重的观念。

这也是本次规划的一个创新点。我们考察了国内众多城市的户外广告规划，主要是“控制性”规划的方法，单单使用“控制性”规划的方法，只能体现“堵”与“限制”，而“营造”规划的方法，更多体现了“疏”与“营造”的价值。

③结合开封城市现状和上位规划定位与目标，提出“十条”开封户外广告规划理念、目标与方法，内容丰富、层次清晰、概括简练，易于把握。

④提出创建第一家“中国招幌博物馆”，为开封户外广告规划特色增加新亮点。

⑤积极借鉴世界著名城市的经验，引入方法，进行扩展式设计研究，为体现户外广告的营造功能和价值提供重要样本。

⑥在全国率先提出历史文化名城风貌保护史上最严格的户外广告控制要求：建议市区逐步取消建筑屋顶广告，建议逐步取消两层以上建筑墙体广告，建议取消高立柱广告，鼓励橱窗广告，建议逐步取消机动车道路环境设置广告，鼓励步行环境广告有序设置。

二 基本内容

1. 总述

包括编制的原因；开封市总体规划及相关规划解读，包括总体规划解读与相关规划解读；项目编制背景与目标；开封市户外广告的发展历史；开封市户外广告设施设置的定位、目标及规划总体思路，包括户外广告分区设置与规划设计手法；规划期限、原则及指导思想；规划范围以及地段；规划范围及现状分析，包括规划范围与开封城市结构及功能定位；规划编制深度要求，其中宏观层次体现为总体规划，微观层次体现为控制性详细规划；规划编制依据；成果要求；主要观点与方法等。

2. 开封户外广告专项规划的基本点、突破与方法

（1）两个基本点和一个突破，(前文已述）

（2）控制与营造

本次户外广告规划提出“控制与营造”并重的观念，这也是本次规划的一个创新点。

本次开封市区户外广告专项规划，在大量现状调研的基础上，发现存在的主要问题，提出宏观、中观以及微观层面的战略理念、总体规划定位与控制，以及控制性详细规划。

本规划以创新为目标，结合开封城市实际，提出富有创造性的户外广告规划方法“控制与营造并重”战略。提出开封户外广告规划以“双精”理念为引导，通过控制与营造，降低影响和破坏开封历史文化名城风貌的户外广告消极因素，通过户外广告规划积极营造开封城市特色与个性。结合开封户外广告历史资源，提出创建中国第一家招幌博物馆，为开封市户外广告特色涂抹上浓重的一笔。

户外广告设施规划在城市发展进程中如何与城市建设相互促进，而非相互排斥，减少户外广告设置的消极因素，增加户外广告的积极因素，这是户外广告规划最主要的目标与任务，也是衡量户外广告规划质量重要内容之一。

（3）户外广告规划成果应体现的价值

首先应体现城市公共管理的政策特征，体现宏观战略与长远目标，体现政府专项管理理念与城市总体发展目标的一致性，体现社会发展的共同目标。

其次应体现为技术管理工具，就是通过控制与营造的方法，限制与引导户外广告的价值方向。

最后根据对户外广告的现实环境问题提出具体的解决办法与措施，应具有良好的操作性。

户外广告规划是城市形象与城市软实力的体现，是经济与文化繁荣的标志之一。

城市户外广告已成为城市经济生活中不可缺少的要素之一，它在城市环境中扮演着特殊角色。由于城市户外广告具有的社会意义与环境意义，在我国城市化的历史进程中日益受到广大民众的关注，城市户外广告已成为城市形象建设和城市专项规划设计的重要内容。

由于城市户外广告的传播特征以及功能使用的研究与认识存在层次与角度的差异性，形成了不同的观点。主要有以下三种观点。

第一种观点认为户外广告是破坏环境的消极因素，称为“户外广告有害论”，以这种观点进行规划，必然加以限制，以限制作为方法与目标，“一限了之”。我国有不少这样的规划模式。

第二种观点认为应强化户外广告的传播与经济效应的积极因素，不考虑户外广告与城市环境的关系，不加节制地放大户外广告对环境的影响，甚至以破坏城市风貌与特色为代价。

第三种观点认为应该控制与营造相结合，限制户外广告的消极因素，发挥户外广告的积极因素。这个观点与方法是我们在借鉴世界著名城市户外广告规划中得到的有益经验。并以此作为开封城市户外广告规划的基本理念与方法，也是本次规划的创新与基本观点。

（4）户外广告控制与营造的意义

控制与营造的规划方法是符合开封城市户外广告规划的现实与目标的，体现在以下两个方面。

第一个方面是通过户外广告控制，实现以下目标：

采用严厉的控制方法，恢复历史文化名城风貌。开封是国家级历史文化名城，其城市历史风貌价值保护必须放在第一位。户外广告设置混乱大大破坏了历史文化名城的审美价值。

凡影响和破坏历史文化名城风貌的户外广告应当取消。城市风貌构成主体是建筑与空间。户外广告一旦破坏建筑完整性，就等于破坏了城市风貌的完整性。所以建筑屋顶广告与墙体广告是控制对象。

采取严厉控制的方法，保持建筑完整性。任何一个建筑形象均有其完整性，其完整性理应得到尊重。我们应当具有保护建筑形象完整性的基本意识，尽管建筑价值存在不同层次。建筑是城市的细胞，是构成城市风貌的元素。破坏建筑的完整性，就是蚕食城市风貌的机体。凡因户外广告设置影响和破坏建筑完整性的均应恢复建筑完整原状。

采取严厉控制方法，确保地面道路安全性和可达性。通过控制方法，因设置地面户外广告而影响如机动车道路、非机动车和步行环境安全的，一律加以限制。

第二个方面是通过地面户外广告营造，实现以下目标：

地面户外广告设置是传播信息的最佳环境。因为地面户外广告具有连续、重复提示信息传播的功能，通过道路网，形成一个强大的户外广告信息传播平台，是建筑户外广告和其他户外广告形式不具有的优势。

地面户外广告设置是营造城市景观特色与个性的最佳载体。因为它具有城市道路网连续、重复的功能，通过造型创作设计，对于城市整体形象塑造具有特殊价值和功能。

地面户外广告营造所具有的连续性、重复性的统一尺度、统一色彩、统一造型办法以及它所产生的效应，是建筑户外广告不可能实现的。

目前我国大多数城市和区域普遍存在整体性差的问题，实现整体性塑造城市和控制城市秩序的办法甚少，而这个办法在我国城市采用甚少，国外运用比较多见，效果显著。

开封市作为河南省的重要城市，由于经济发展，各种户外广告形式纷纷抢占城市主要建筑物与主要道路空间，设置随意，使城市景观显得有些混乱。整个城市户外广告设施形式比较混乱，缺乏特色，缺乏区域和文化识别性，没有形成城市特有的空间文化特性。

随着“美丽中国”理念的提出，以及中国中部崛起，城市带的快速发展，开封国家级历史文化名城和中国旅游城市的职能定位，城市户外广告经济、文化功能定位的问题摆在我们面前。户外广告规划研究，应明确把握城市户外广告的功能价值，充分运用户外广告载体，使其发挥经济繁荣、城市营造等多重价值，成为城市发展建设的利器，而不是“烫手山芋”。

我们已经处于互联网时代，应当重新审视户外广告设置的价值定位，对破坏建筑完整性、影响景观而传播不佳的方式，应当摒除。对传播效果好、对建筑和城市环境破坏较小的地面广告，应当分类加以利用。

从上述内容可以看出，重视城市户外广告控制对城市风貌以及建筑完整性的影响，以及营造城市个性与价值的特殊作用。

明确的控制与营造将对开封市城市规划和建设有着重大的现实意义。

3. 开封户外广告规划的理念与目标

开封户外广告专项规划通过宏观战略层面、中观控制层面以及微观营造层面，归纳提炼出十条规划理念、规划方法和规划目标，它浓缩了本次规划成果的重点与创新点，分述如下。

①历史名城，风貌第一

国家级历史文化名城是开封城市建设与发展的重要定位，也是开封城市价值与魅力体现的核心，它是户外广告规划优先考虑的重要依据与基础。本次专项规划目标之一就是将影响和破坏名城风貌的户外广告因素降至最低。果断采取取消破坏城市风貌的屋顶和墙体广告。挖掘地面场地户外广告传播与营造功能，为历史文化名城风貌保护与发展增加新内涵。

②网络时代，挑战转型

我们已经身处移动互联网时代，必须面对户外广告传播价值衰减趋势的这个大环境。移动互联网时代的信息传播方式发生了革命性巨变，大量建筑户外广告传播功能衰竭，传播价值走低，建筑物户外广告设置传播效益越来越差，取消建筑户外广告势在必行。我们必须采取果断决策，取消建筑屋顶、墙体广告，只保留建筑首层店招广告，鼓励首层商业橱窗。通过挖掘场地户外广告信息传播与城市营造功能的优势，使户外广告信息传播的传统方式进行“转型”，以获得新的价值与功能。这是户外广告规划外因和内因驱动的必然选择。这是开封城市户外广告规划的一个突破，也是未来城市户外广告规划发展的走向。

③整体规划，新旧各异

开封城市包括老城区和新城区，这两个城区功能定位有差异，老城区重保护，新城区重创新。保护就是保持历史文化景观信息，尽可能保持“原汁原味”，创新就是体现现代化发展新景象。通过城市整体规划，保持和强化开封城市的“新旧各异”尤为重要。（见图 11-22，图 11-23）

④控制有序，营造添彩

开封户外广告强调创新与超越，通过控制实现“治乱”，通过营造实现“添彩”。户外广告规划中“控制治乱不易，营造添彩更难”。本次规划控制要求高于国家规范标准，尤其在建筑物以及地面户外广告方面的控制与限制更为严格，要求更高。希望成为“史上最严格的控制性规划”。但是我们的规划力求超越和摆脱控制性规划“一限了之”的现有模式，在加大做控制与限制的“减法”的基础上，寻找户外广告规划创新途径的“加法”，即户外广告的营造方法，探索户外广告营造城市特色与个性的价值和方法，这是本次专项规划的亮点与突破。尤其在地面户外广告规划上，通过营造，增加塑造城市特色与个性价值的途径，使开封城市空间品质真正得到提升。通过户外广告展现开封城市特色，把户外广告作为城市特色的载体。

⑤少小双精，凸显个性

根据开封的城市尺度特点与未来户外广告精品化和精细化发展的趋势与要求，提出开封户外广告“小而精”和“少而精”的规划战略。“小”是开封城市尺度选择的必然，也更符合开封城市实际，彰显开封城市个性。不当的户外广告尺度选择，会造成城市整体尺

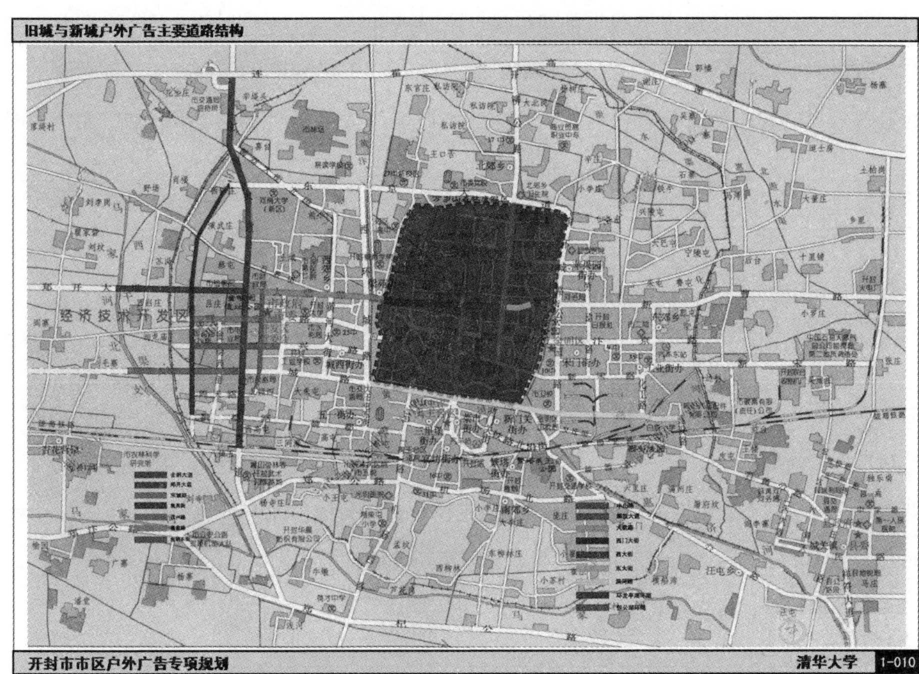

图 11-22　开封老城区、新城区规划路段示意图

图 11-23　开封市区总体规划的点线面关系图

度的破坏，从而破坏城市风貌与景观价值。所以户外广告的尺度选择和尺度控制尤为关键。所谓“少”一是减少建筑（构）物墙体、屋顶户外广告设置，二是减少地面户外广告数量与规模。将粗放型信息传播方式转变为有质量的传播方式。在“小而精”和“少而精”的户外广告规划模式下，通过地面户外广告道路网资源利用，可以获得户外广告传播经济效益和社会效益的双赢。

⑥一城双色，度形统一

开封城市户外广告规划明确提出了“一城一形”“一城一度”和“一城双色”的户外广告控制性详细规划理念和方法。所谓“一城一形”，是指户外广告载体形式与形象有一个统一的形式和形象，不然太乱，不利于城市特色的整体认知与感受。所谓“一城一度”，是指户外广告载体采取统一尺度，不能大小不一，获得整体有序且宜人的感受。所谓“一城双色”，“一城”是指开封是一个整体，通过色彩进行分区，用“双色”区分老城区与新城区，形成差异化营造与控制管理，也易于城市特色感知与识别。

⑦挖掘招幌，率先全国

本次开封户外广告专项规划中，挖掘开封传统户外广告资源，提出以开封书店街为平台，创建中国第一家招幌博物馆，其意义不仅体现了本次户外广告规划的创新与突破，更重要的是结合了开封历史文化名城的保护与利用，激活了开封历史文化遗产保护与非物质文化发展的新空间，为展示开封“宋风宋韵”，增添了一个绝佳的载体。

⑧国际地方，兼顾各异

开封户外广告规划与营造，既要借鉴国际经验和办法，又必须强化挖掘开封的自身特色，将国际经验与挖掘本地特色进行有机结合，体现现代化意识与地方化建设观念的统一。

⑨科学规划，依法管理

科学规划开封户外广告，审视时代发展的现状与趋势、研究户外广告传播的得失与规律，依据国家规范和规划要求，必须进行依法管理。不折不扣地依据规划理念、规划原则和目标加以落实。这样才能真正感受专项规划的价值与意义。

⑩古韵新颜，美丽开封

通过户外广告专项规划控制与营造，目的只有一个，就是建设美丽中国，建设美丽开封，将美丽作为开封城市发展、城市经营的一个重大目标。

开封城市今天的美丽内涵丰富，既有宋风宋韵的深厚与雅致的展现，又有开封创新开拓的精神与面貌的展示。

4. 开封户外广告规划基础研究

①国家级历史文化名城风貌与特色研究，包括城市风貌的解读；从“危机论”到“竞争论”的思考；风貌规划具有的三大特性；城市风貌的实现途径；城市特色以及开封历史文化名城风貌保护和建筑完整性维护。

②移动互联网时代户外广告的特征与传播规律研究，包括受众自主性、受众精准化、受众社交化等。

③城市道路户外广告传播方式与效能研究，包括机动车或动态视觉分析和机动车道路户外广告感知方式与条件。

④案例研究，包括国内户外广告案例研究和国外户外广告案例研究。

⑤城市户外广告规划及内涵等相关概念研究；城市户外广告经营与竞争力；城市户外广告管理控制原则；城市户外广告研究对象及评价；户外广告技术要求与创新相关研究。

5. 户外广告的定义、分类与功能特征

包括城市户外广告定义；城市户外广告分类；城市户外广告功能特征等。

6. 城市户外广告通用规定

包括《中华人民共和国城乡规划法》《中华人民共和国广告法》《城市容貌标准》《历史文化名城保护规划规范》《城市户外广告设施技术规范》等部分强制性条款。

7. 户外广告分区指引与地段指引

包括分区控制、分段控制和重点控制。

8. 开封城市建筑与地面户外广告及设施规划设计

包括：老城区、新城区问题分析；老城区、新城区重点路段现状分析；户外广告设施设计案例综述；开封户外广告详细规划设计理想模型；开封城市标志设计与地面户外广告及设施应用；老新城区地面户外广告设施竖向道路尺度关系图；老新城区地面户外广告设置尺度关系立面示意图；新城区地面户外广告与设施设计方案；新城区地面户外广告与设施设计方案；户外广告技术路线研究。

9. 近期建设重点及整治措施

包括近期规划期限、近期建设的总体目标、近期建设的发展策略、近期建设重点、老城区整治措施、新城区整治措施等。

10. 规划实施建议

略。

（部分规划分析图见图 11-24 至图 11-37）

图 11-24　开封市区户外广告现状分析

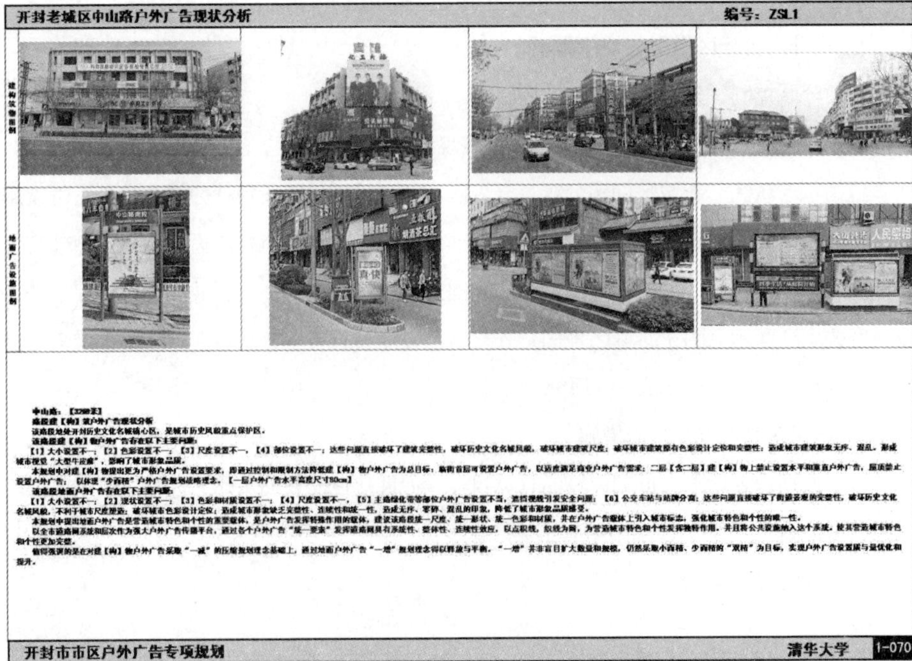

图 11-25　开封老城区中山路户外广告现状分析

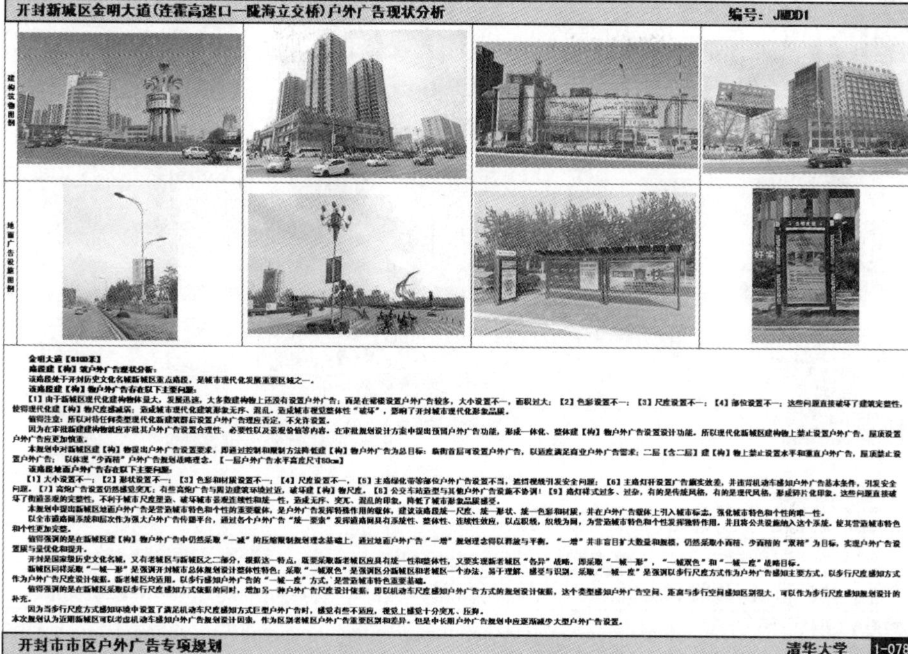

开封新城区金明大道(连霍高速口—陇海立交桥)户外广告现状分析 编号：JMDD1

建构实物图例

地面广告设施图例

金明大道【8100米】

路段建【构】筑户外广告现状分析：

该路段处于开封历史文化名城新城区重点路段，是城市现代化发展重要区域之一。

该路段建【构】物户外广告存在以下主要问题：

【1】由于新城区现代化建构物体量大，发展迅速，大多数建构物上还没有设置户外广告；而是在裙楼设置户外广告较多，大小设置不一，面积过大；【2】色彩设置不一；【3】尺度设置不一；【4】部位设置不一；这些问题直接破坏了建筑完整性，使得现代化建【构】物尺度感减弱；造成城市现代化建筑形象无序、混乱，造成城市视觉整体性“破坏”，影响了开封城市现代化形象品质。

值得注意：所以对待任何类型现代化新建筑群后设置户外广告理应否定，不允许设置。

因为在审批新建建构物就应审批其户外广告设置合理性、必要性以及景观价值等内容。在审批规划设计方案中提出预留户外广告功能，形成一体化、整体建【构】物户外广告设置设计功能。所以现代化新城区建构物上禁止设置户外广告。屋顶设置户外广告应更加慎重。

本规划中对新城区建【构】物提出户外广告设置要求，即通过控制和限制方法降低建【构】物户外广告为总目标：临街首层可设置户外广告，以适度满足商业户外广告需求；二层【含二层】建【构】物上禁止设置水平和垂直户外广告，屋顶禁止设置户外广告； 以体现“少而精”户外广告规划战略理念。【一层户外广告水平高度尺寸80cm】

该路段地面户外广告存在以下主要问题：

【1】大小设置不一；【2】形状设置不一；【3】色彩和材质设置不一；【4】尺度设置不一，【5】主路绿化带等部位户外广告设置不当，遮挡视线引发安全问题；【6】主路灯杆设置广告旗实效差，并违背机动车感知户外广告基本条件，引发安全问题。【7】高炮广告设置仍然感觉突兀：有些高炮广告与周边建筑环境过近，破坏建【构】物尺度。【8】公交车站造型与其他户外广告设施不协调！【9】路灯样式过多、过杂，有的是传统风格，有的是现代风格，形成碎片化印象。这些问题直接破坏了街道景观的完整性，不利于城市尺度塑造、破坏城市景观连续性和统一性，造成无序、突兀、混乱的印象，降低了城市形象品质感受。

本规划中提出新城区地面户外广告是营造城市特色和个性的重要载体，是户外广告发挥特殊作用的载体，建议该路段统一尺度、统一形状、统一色彩和材质，并在户外广告载体上引入城市标志，强化城市特色和个性的唯一性。

以全市道路网系统和层次作为强大户外广告传播平台，通过各个户外广告“统一要素”发挥道路网具有系统性、整体性、连续性效应，以点积线，织线为网，为营造城市特色和个性发挥独特作用。并且将公共设施纳入这个系统，使其营造城市特色和个性更加完整。

值得强调的是在新城区建【构】物户外广告中仍然采取“一减”的压缩限制规划理念基础上，通过地面户外广告“一增”规划理念得以释放与平衡。“一增”并非盲目扩大数量和规模，仍然采取小而精、少而精的“双精”为目标，实现户外广告设置质与量优化和提升。

开封是国家级历史文化名城，又有老城区与新城区之二部分，根据这一特点，既要采取新老城区应具有统一性和整体性，又要实现新老城区“各异”战略。即采取“一城一形”，“一城双色”和“一城一度”战略目标。

新城区同样采取“一城一形”是强调开封城市总体规划设计整体性特色；采取“一城双色”是强调区分新城区和老城区一个办法，易于理解、感受与识别。采取“一城一度”是强调以步行尺度方式作为户外广告感知主要方式，以步行尺度感知方式作为户外广告尺度设计依据。新老城区均适用。以步行感知户外广告的“一城一度”方式，是营造城市特色重要基础。

值得强调的是在新城区采取以步行尺度感知方式依据的同时，增加另一种户外广告尺度设计依据，即以机动车尺度感知户外广告方式的规划设计依据，这个类型感知户外广告空间、距离与步行空间感知区别很大，可以作为步行尺度感知规划设计的补充。

因为当步行尺度方式感知环境中设置了满足机动车尺度感知方式巨型户外广告时，感觉有些不适应，视觉上感觉十分突兀、压抑。

本次规划认为近期新城区可以考虑机动车感知户外广告规划设计因素，作为区别老城区户外广告重要区别和差异。但是中长期户外广告规划中应逐渐减少大型户外广告设置。

开封市市区户外广告专项规划 清华大学 1-078

图 11-26　开封新城区金明大道户外广告现状分析

英国伦敦户外广告与设施色彩整体设计案例分析 编号:01

英国伦敦户外广告

英国伦敦是一个历史悠久、文化特色浓郁的现代化城市，其城市户外广告由二个部分组成，一个部分是建【构】物广告；另一个部分是地面广告设施。伦敦建【构】物广告设置极为严格，凡具有文化和历史各个类型的建【构】物的墙体和屋顶均不得设置户外广告，保持其建【构】物完整性。只有极少量建【构】物的墙裙和一层少量设置户外广告，更多商业广告设置于裙房和一层橱窗之内。

伦敦城市地面广告设置与地面其他休息椅、报停、路障、灯具、垃圾桶等公共设施相结合，并进行整体设计，发挥系统和道路网均匀分布优势。精心设置占地面积小，制作精良的户外广告和公共设施，以体现“小而精”的质量目标，同时在地面设置数量规模上，以“少而精”，为空间目标，营造舒朗空间环境品质。

伦敦十分重视地面户外广告与公共设施在城市营造功能方面价值与作用，伦敦地面广告设施采取统一色彩设计，统一造型设计，统一尺度设计，并在此基础上仍然置入城市标志，以强化城市特色个性与识别性，为伦敦城市特色营造发挥十分重大作用。这些较为成熟规划与设计方法经验值得我们开封户外广告规划借鉴。

开封市市区户外广告专项规划 清华大学 1-086

图 11-27　英国伦敦户外广告与设施色彩整体设计案例分析

图 11-28 法国巴黎户外广告与设施设计案例分析

图 11-29 国内户外广告与设施设计案例分析

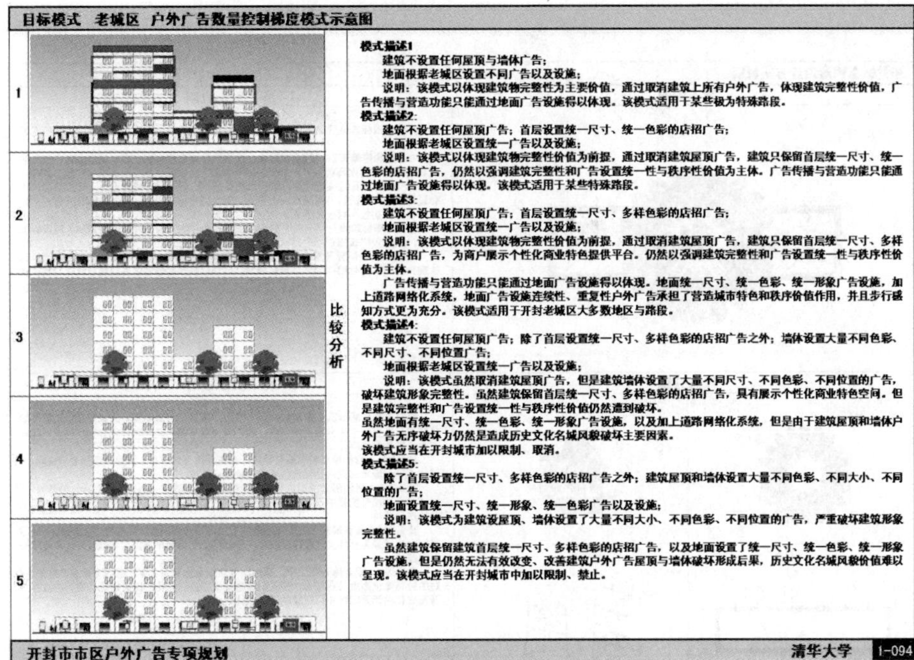

图 11-30　目标模式研究（老城区）户外广告数量控制梯度模式分析图

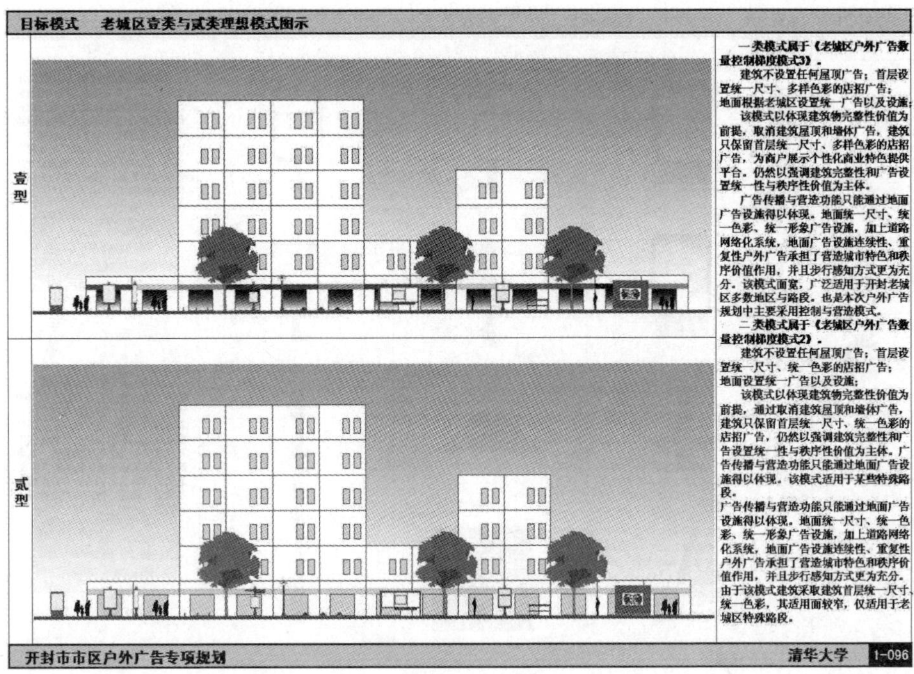

图 11-31　目标模式研究（老城区）一类与二类理想模式分析图

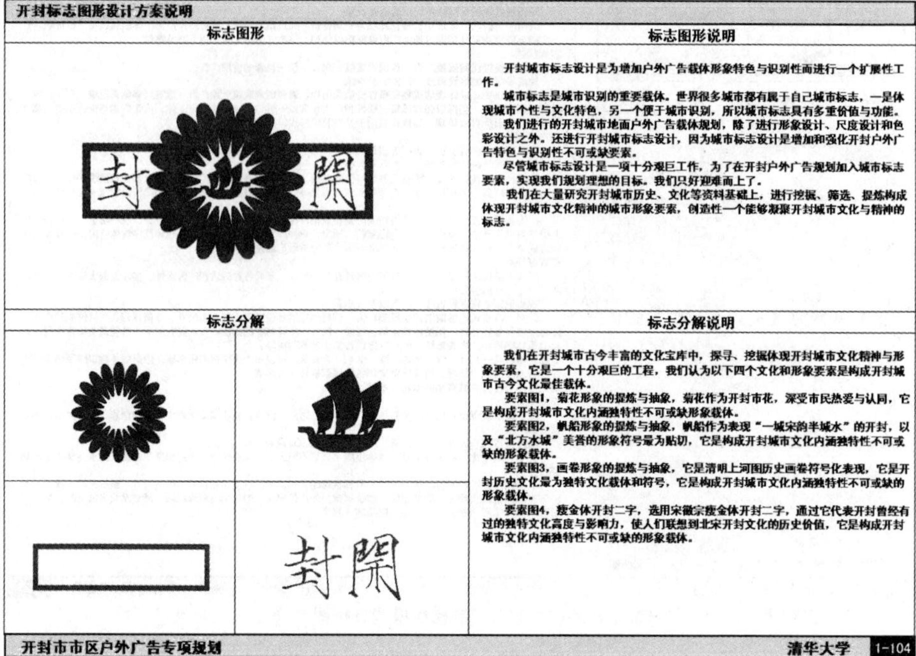

图 11-32　开封标志图形设计方案说明

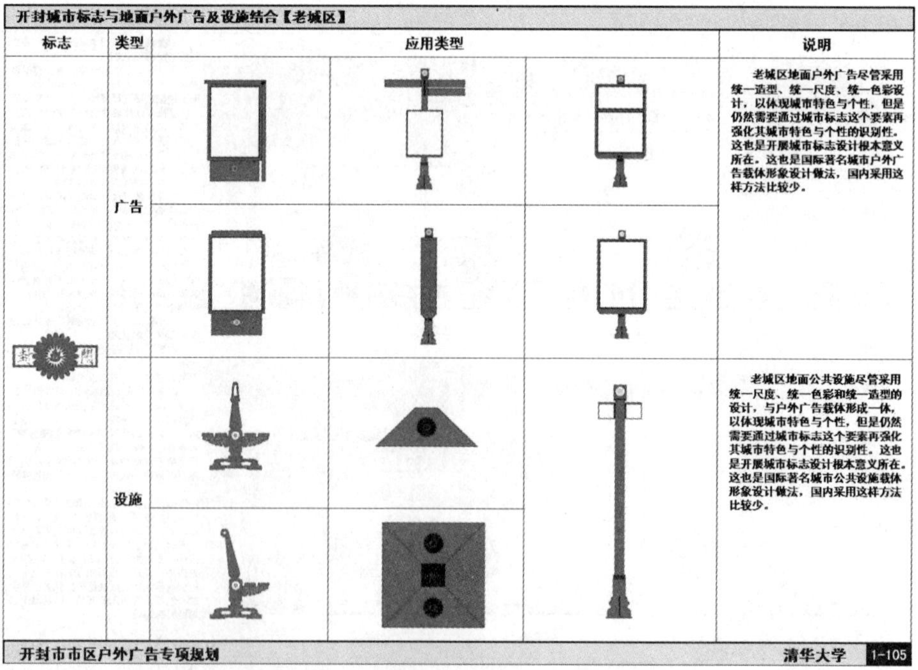

开封城市标志与地面户外广告及设施结合【老城区】

标志	类型	应用类型	说明
	广告		老城区地面户外广告尽管采用统一造型、统一尺度、统一色彩设计，以体现城市特色与个性，但是仍然需要通过城市标志这个要素再强化其城市特色与个性的识别性。这也是开展城市标志设计根本意义所在。这也是国际著名城市户外广告载体形象设计做法，国内采用这样方法比较少。
	设施		老城区地面公共设施尽管采用统一尺度、统一色彩和统一造型的设计，与户外广告载体形成一体，以体现城市特色与个性，但是仍然需要通过城市标志这个要素再强化其城市特色与个性的识别性。这也是开展城市标志设计根本意义所在。这也是国际著名城市公共设施载体形象设计做法，国内采用这样方法比较少。

开封市市区户外广告专项规划　　清华大学　1-105

图 11-33　开封城市标志与地面户外广告及设施结合（老城区）方案图

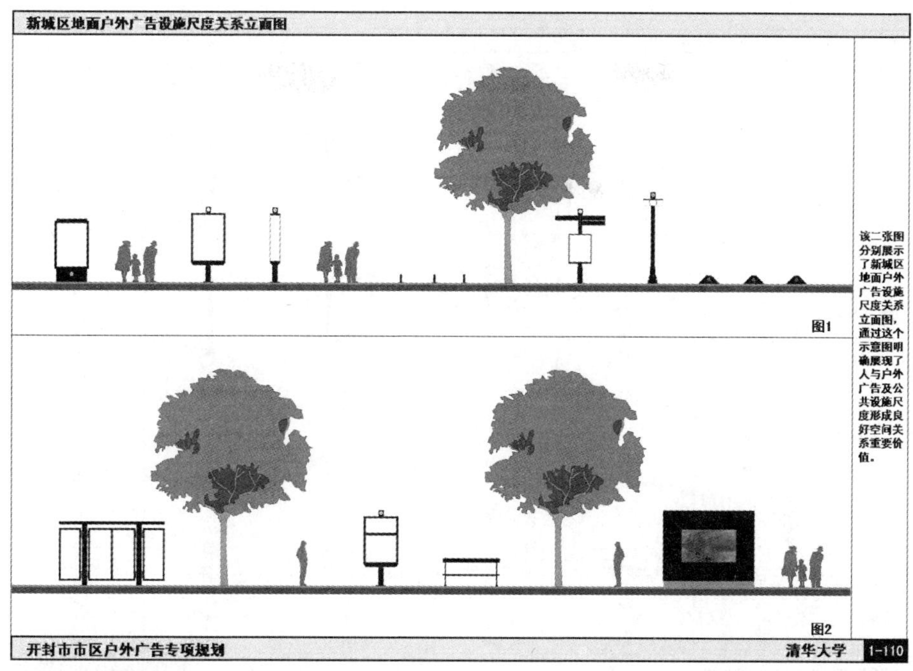

图 11-34　新城区地面广告设施尺度关系分析图

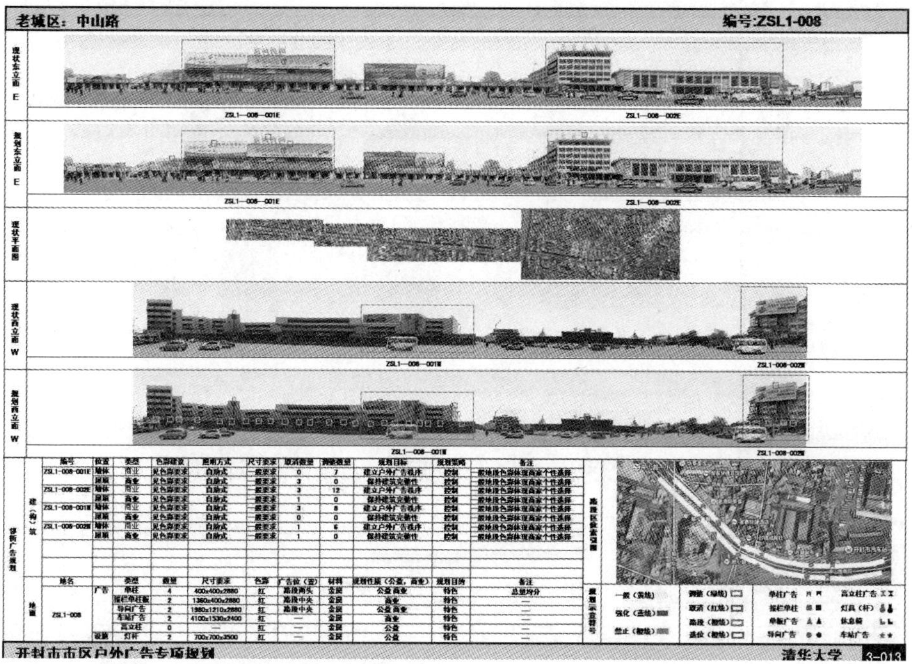

图 11-35　老城区—中山路第 4 段控制性详细规划图

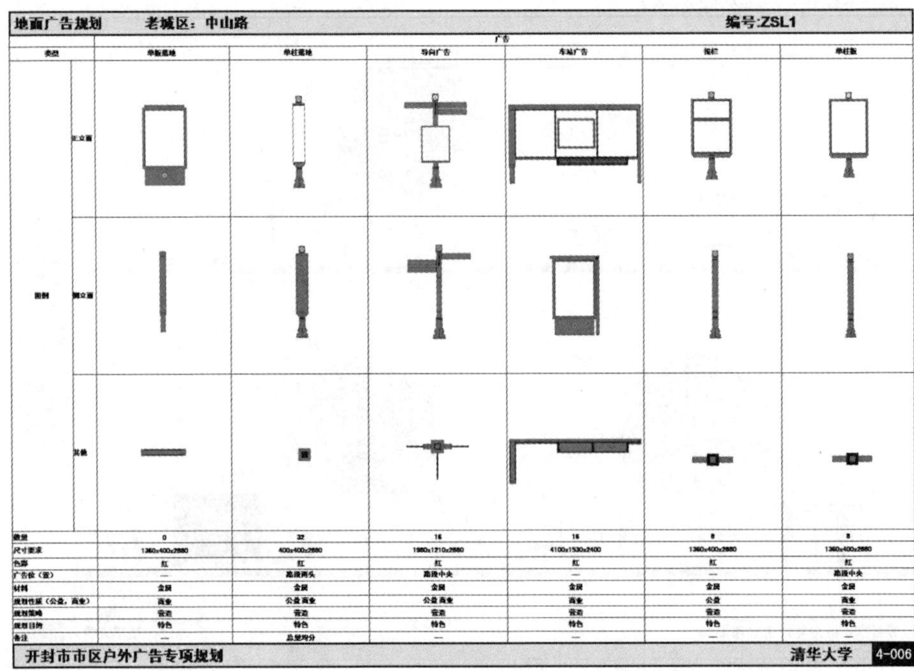

地面广告规划 老城区：中山路 编号:ZSL1

类型		广告					
		单板落地	单柱落地	导向广告	车站广告	报栏	单柱板
图例	正立面						
	侧立面						
	其他						
数量		0	32	16	16	8	8
尺寸要求		1360x400x2880	400x400x2880	1980x1210x2880	4100x1530x2400	1360x400x2880	1360x400x2880
色彩		红	红	红	红	红	红
广告位（置）		—	路段两头	路段中央	—	—	路段中央
材料		金属	金属	金属	金属	金属	金属
规划性质（公益，商业）		商业	公益 商业	公益 商业	商业	公益	商业
规划策略		营造	营造	营造	营造	营造	营造
规划目的		特色	特色	特色	特色	特色	特色
备注		—	总量均分	—	—	—	—

开封市市区户外广告专项规划 清华大学 4-006

图 11-36 开封老城区中山路地面广告分类方案图

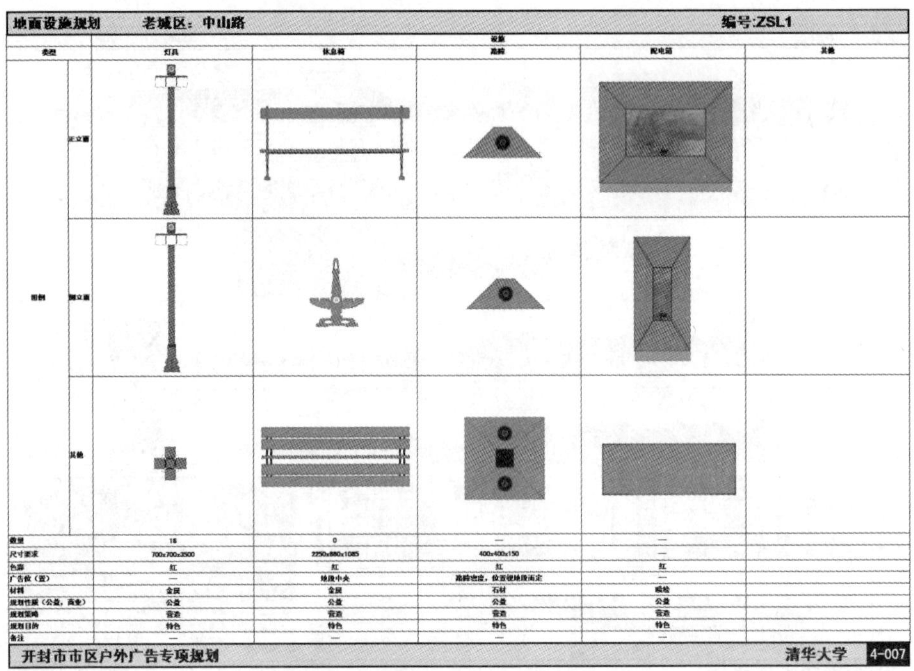

地面设施规划 老城区：中山路 编号:ZSL1

类型		设施				
		灯具	休息椅	路障	配电箱	其他
图例	正立面					
	侧立面					
	其他					
数量		16	0	—	—	
尺寸要求		700x700x3500	2250x880x1085	400x400x150	—	
色彩		红	红	红	红	
广告位（置）		—	地段中央	路障密度，位置视地段而定	—	
材料		金属	金属	石材	喷绘	
规划性质（公益，商业）		公益	公益	公益	公益	
规划策略		营造	营造	营造	营造	
规划目的		特色	特色	特色	特色	
备注		—	—	—	—	

开封市市区户外广告专项规划 清华大学 4-007

图 11-37 开封老城区中山路地面设施分类方案图

第四节 《开放之门》的设计与创作

《开放之门》为2005年“中国北京2008年‘城市标志’概念性设计国际竞赛”作品和2008年“第三届中国国际建筑艺术双年展”邀请展作品。（见图11-38）

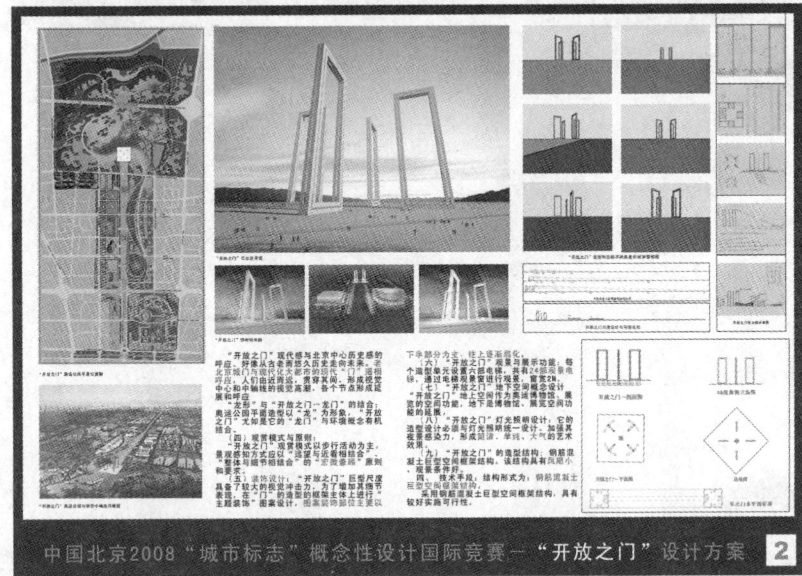

图11-38 《开放之门》设计竞赛方案文本

一 《开放之门》的创作背景

开放，是中国20世纪末和21世纪初以及未来的主题。开放，给中国带来希望、发展、机遇、和谐。中国近现代的发展就是一部由“封闭”走向“开放”的历史。

《开放之门》的创作是在这样一个认识和思考背景下进行的，创作的核心内容是表现改革开放，它是体现时代声音的作品，它是浓缩和抽象中国历史和当代中国精神符号的载体。

《开放之门》是为中国伟大的改革开放时代而创作的作品。作品追求时代性、中国性、世界性，希望它成为中国国家崛起的新时代的符号之一。它力求体现当代中国精神和国家形态，体现当代中国国家文化精神和内涵。

二 《开放之门》的造型特点

《开放之门》是由四扇开启的门组成一个“X”形结构的完整形象，它是一个不可分割整体形象，具有较强的聚集性和放射性。（见图 11-39）

图 11-39 《开放之门》

“X”结构具有极强的中心感，有居中中轴线和对称结构特点，它象征“中国”的概念。中国人自古就有尚“中”意识及尊崇“中国”的文化概念，它具有强烈的方位文化概念。

该作品虽然只有四个单扇门，但由于运用了“共形”原理，形成了四个双扇开放的门。中国古代单扇的门为户，双扇的称为门。它在公共空间环境中具有良好借景、透景效果。

三　作品表现形式

材料：钢结构、钢板；色彩：红色（喷漆）。

景观雕塑作品“开放之门”的副题又可称为：“中国（现代）门”“开放门”“和谐门”。

第五节　《梦蝶》的设计与创作

该作品是为庆祝新中国成立65周年而作，是为实现“中国梦”的理念而作。

一　作品创意

《梦蝶》创作立意是围绕“中国梦”的国家发展理念而创作的景观艺术作品，作品内涵丰富，具有原创性、探索性和艺术性。

作品采用浪漫主义创作手法，上联古老的庄周梦蝶，下联当代“中国梦”的伟大发展理念。

将“梦蝶”主题作为景观艺术作品探索，在国内尚属首次！

二　作品造型特点

《梦蝶》将人与蝴蝶的形象相融合，表现了“人蝶合一”舞动的艺术形象。蝴蝶在中国文化中有着十分美好寓意与象征。“人与蝶”的结合是典型中国式诗情画意的抒写，是中国哲理睿智的艺术形象的表现。

《梦蝶》作品中“人”的形象以一个舞动而飘逸的头部为基本形象，头部形象中采用较为夸张的大眼睛，同时表现她展开双臂迎风飞舞（见图11-40）。《梦蝶》作品中“蝶”的形象采用极其单纯的影像造型，造型具有单纯性、简约性和现代性。远观蝴蝶翻飞，近看仙女舞动！她是今天中国人的生命力和创造力的象征，是今天中国人梦想的化身，是中

图 11-40 《梦蝶》具象而影像化的造型，通过尺度放大形成独特的艺术表现力

华民族的当代艺术形象的探索性表现。希望它成为中国国家形象的艺术载体。

该景观作品采用“景框”造型手法，使得其能够“借”得周边的环境景观，并将景观纳入作品之中，形成“景中有景”的独特意象。采用“景框”，可以有效降低“风阻”对景观艺术作品展示的影响。

三　作品尺度设计

尺度设计是景观艺术作品的重要因素。该作品的艺术表现力通过尺度设计体现了独特的审美价值。大尺度的《梦蝶》具有较大的视觉冲击力，形成了一个大尺度的蝴蝶“景框”形象。

由于造型形象独特和大尺度景观设计的要求，目前钢结构设计和加工技术可以满足设计作品的要求。

多种尺度设计思考：作品高度为 150cm，该尺度较为亲切，适合一定空间环境的需要；高 300cm 以及更大尺度的作品，会产生更加强烈的视觉冲击力，将周边环境景观纳入其景观艺术作品之中。

该景观作品创作不仅进行艺术形象的创作探索，更加关注空间环境的景观艺术的探索。关注环境与景观之间内在联系的探索。

四　作品材料及加工

材料为钢板，采用激光切割工艺加工。目前大型钢板材料切割技术先进，板材整体切割尺寸范围较大，能够满足大尺度作品的要求。

由于造型是一个支点，因此在满足形象的前提之下，应尽可能减少荷重。可以采用整板整体切割技术，确保结构完整，能够获得较好的强度支持和安全性。

图 11-41　清华大学《百年纪念门》方案效果图 1

图 11-42　清华大学《百年纪念门》方案效果图 2

第六节　清华大学《百年纪念门》的设计与创作

图 11-43　清华大学《百年纪念门》方案效果图 3

2011 年正值清华大学建校百年纪念，百年校史可谓波澜壮阔，选择以清华大学“百年纪念门”为纪念形式，为百年校庆贡献微薄的力量是一位艺术设计专业教师应尽的责任。

虽然深切感受到创作出与百年校史深厚底蕴相匹配的纪念性景观的巨大难度，但是还是在近一年的时间里积极构思与反复探索，初步形成清华大学《百年纪念门》景观艺术作品（见图11-41至图11-44），并呈献给学校。希望她成为清华大学百年纪念的景观之一。

图 11-44　清华大学《百年纪念门》方案效果图 4

一 《百年纪念门》设计目标

《百年纪念门》创作目标：经典、大气、神圣、理想。

以“经典”“大气”“神圣”“理想”作为造型创作目标，追求体现清华大学的历史发展及人文品质，希望它成为清华大学百年纪念的新符号之一。

《百年纪念门》力求雄伟又新颖，古典又现代，典雅又端庄，给人似曾相识的亲切感。

《百年纪念门》展现清华人“今天我为母校而自豪，明天母校为我而骄傲”的精神。

《百年纪念门》体现清华严谨的校风学风，陶冶学生的品德，提高清华学子的思想境界和文化素养。

《百年纪念门》追求一种境界，一种氛围，强调纪念性景观的内在精神对人的影响。

《百年纪念门》是物化了先师学长们坚韧的革命精神、严谨的治学态度、辉煌的学术成就的景观纪念载体。

二 设计理念与造型

1. 设计理念

《百年纪念门》设计理念是以抽象化的写意语言表现清华大学中西融会、古今贯通，海纳百川的人文精神和内涵。

以“天圆地方”的中国文化核心观念为基础，将天转化为“圆”，将地转化为“方”，以体现“自强不息，厚德载物”的校训理念，体现自然与人类和谐统一的发展理念。

“道生一,一生二,二生三,三生万物”，万物负阴而抱阳，冲气以为和。一为道，混沌而成，独立无偶，故为一。二指天地，天为阳，地为阴。三是指阳气、阴气和合气，寓意天地相合，阴阳二气交合形成万物，以道法自然为本。

《百年纪念门》既是象征着清华大学建设发展的一个历史新起点，更是象征其建设发展的一座重要里程碑。

2. 形象特征

（1）四个曲线形门

①《百年纪念门》的平面造型特征及象征意义之一：以四扇弯曲开启的门围合而成的“正圆”形纪念门形象，其形象内敛、圆浑，具有较强的运动性、聚集性、开放性和通透

性。她像一个巨大的容器，海纳百川，象征清华大学百年生生不息，充满着青春活力。

四个门，东西横向为中西二门，南北纵向为古今二门，以荟中西之鸿儒，集四方之俊秀，象征大学作为知识殿堂，纵横中西与古今。

②《百年纪念门》的平面造型特征及象征意义之二：其正圆形态犹如一个一元初始的形态，而由一个正圆的运动形成四个曲线形态象征宇宙的不断演化、形成丰富绚烂的万千的世界。

③《百年纪念门》的空间体形通体圆润、洁白、端正，体形庄重典雅而不失妩媚，体现了清华大学百年学府深厚的历史积淀与浓厚的人文情怀。

（2）《百年纪念门》的内外侧以及中央设计

①《百年纪念门》的内侧柱壁上镌刻梁启超《君子》全文，这篇文章是清华大学校训“自强不息，厚德载物”理念之出处。

②《百年纪念门》的门檐口外侧标有浮雕的中英文的“清华大学百年纪念门”，并辅以阿拉伯数字“1911—2011”字样。

（3）《百年纪念门》中央涌泉水体景观设计

《百年纪念门》中央涌泉水体景观设计，将涌泉水体存蓄铜铸校徽之中，象征清华大学思想涌动不竭，不断地为国家发展注入新的思想。水体景观还象征饮水思源和文脉，它将成为《百年纪念门》景观特色构成的核心内容。

（4）《百年纪念门》的广场设计

《百年纪念门》广场呈现正方形，以体现“天圆地方”之概念。增加“绿十字”公共开放空间停留环境的艺术品质。

（5）“四”的数字象征意义

①“四门”的概念，以表现“中西古今”，象征清华大学培养出“中西融会、古今贯通”的人才。

②“四瓣”的概念，以表现校花“丁香”，“丁香”花形为四瓣。

③“四位导师”的概念，四位导师为梁启超、王国维、陈寅恪、赵元任，他们是清华大学的杰出人物代表。

④“四象”的概念，以体现一生二仪，二仪生四象，四象生八卦的中国自然观。

⑤“四德”的概念，以强调“公德、道德、美德、品德”在建设和谐社会中的核心作用。

⑥四个门还分别象征清华大学的学风“严谨、勤奋、求实、创新”的概念。

《百年纪念门》造型独特、简洁庄重、寓意明确、识别力强，准确地体现了清华的文化品质。

《百年纪念门》在环境中具有良好的借景、透景效果，不会造成中轴线空间关系感知的阻隔，易于形成新的视觉审美节点。以动与静、远势与近景的宏微观观赏相结合，希望《百年纪念门》成为清华大学校园内的一个新的景观标志。

三 设置地点与环境选择

1. 设置地点选择

地点一：在主校门中轴线"绿十字"中央的喷水池处（见图 11-45）。

该设置地点距离主楼 250 米左右，距离主校门 250 米左右。主校门以及中轴线，现已成为清华大学主要的出入通道，在中轴线"绿十字"中央设置清华大学《百年纪念门》具有良好的地标性功能，可增加百年建校的庆典气氛，与主楼遥相呼应，降低主楼形象略显单调的感觉，丰富中轴线节点和视觉层次。

地点二：明理楼前中轴线绿地上。

该位置设置于草坪上，在草坪的春绿秋黄衬映下，"百年纪念门"显得更加纯净。

2. 设置地点的环境

设置地点位于主校门中轴线的"绿十字"中央的喷水池。与该地点相关的环境包括"绿十字"、主楼区、主楼南教学区、主校门和卧石等内容。

图 11-45 清华大学《百年纪念门》方案效果图 5

四　尺度设计与建议

根据东（主）校门至主楼的“绿十字”的中轴线环境尺度关系分析，认为《百年纪念门》尺度设计高度应以 10 米高为宜。

考虑到“绿十字”南北长 500 米，东西最短 48 米左右，并以步行观赏方式为主的特点，该尺度设计既气势宏伟又显得较为适中而平和，纪念性效果比较突出，通透感强。无论从主楼向南观赏，还是从东校门向北观赏均可获得一个完整的形象。由于其高度为 10 米，直径为 7 米，半径为 3.5 米，一般情况下获得观赏一个完整的形象的距离，观赏距离应不小于其高度。而“绿十字”中轴线内一侧最近距离也有 24 米观赏距离，所以充分满足其观赏要求。

若高于 10 米或低于 10 米，可能会形成其他的感知效果。

如何来定位和选择“百年纪念门”的尺度十分重要。既要体量较宏伟，能够满足在较远距离观赏的要求，又要形成一定的视觉冲击力和气势，还要考虑到近距离观赏的需要。这是“百年纪念门”取得良好景观效果的关键因素。

五　材料与结构设计

1. 材料设计

①石质材料，白色汉白玉或浅褐色花岗岩。

②金属材料，青铜铸造或不锈钢涂料。

2. 结构设计

由于“百年纪念门”以框架结构为特点，风阻力较小。

六　节庆性和永久性的特点

为了清华大学百年校庆纪念而创作的“百年纪念门”，既可以作为清华大学百年校庆的节庆性景观建设，又可以作为大学永久性的景观建设。

第七节　中国公路零公里标志的设计与创作

中国公路零公里标志作为国家的重要标志之一，意义重大而深远。如何体现中国悠久的历史和国家精神以及道路交通文化是该方案力求体现的核心内容。通过以下几个方面来加以表述。

一　标志设计与环境的概念设计

天安门广场是国家政治、文化最具影响力和魅力的空间，该标志设置在北京天安门广场南北主轴线上，其位置必须体现国家文化精神的象征形态，与广场已有环境景观相协调。通过内容和形式的创新，力求表现丰富的内涵和庄重典雅的形式。

二　标志设计的概念创意设计

该标志设计定位应必须体现中国积极向上的文化理念与精神。追求“中国化”“历史化”“大气和典雅”以及易于阅读和欣赏的内容与形式。

为体现以上概念设计定位，在内容和造型形式上通过几个元素和组织形式加以体现。

三　元素

“零”字;“龙”；寓言《愚公移山》。

四　形式

1. 四个中国古代汉字“零”组成一个中心图案

巧妙将“零”字上围合成一个圆形，这个图形也可看成数字的“0”和“空位”。

2.“零”与“0”的形成与使用

在数学的历史以及文化内涵中有着丰富的内容。“零”字最早并不表示空无所有,《说文解字》解释“零，为余雨也，从雨令声”。就是雨后的小水滴，后来引申作“零头”解。明确称空位为“零”出现得较晚。因为在数学概念中“0”表示“空位”和“空白”等概念。

恩格斯在《自然辩证法》中的“数学”札记中，专门对“零”做出过深刻的阐述，他说“零是具有确定的内容”“零比其他一切数都有更丰富的内容”。他还说“零”是“一切正数和负数之间的界线”。

3. 用四个飞动的“龙”与“零”字图形相配合组成一个核心图形

体现中国文化形象符号并象征国家、城市龙脉和交通命脉这一概念。

4. 在围绕“零”字核心图形的外边以中国古代“愚公移山”的寓言故事图案加以装饰

运用这个中国家喻户晓的寓言故事体现中华民族不屈不挠的精神，而这个寓言故事恰恰是以开山修路为题材的寓言故事，所以较好地体现了中国公路文化最高的精神象征。而且这种精神是需要中华民族不断发扬光大的。通过对《愚公移山》寓言故事的表现可以增加标志的艺术感染力和可读性，发挥标志景观的审美价值和社会作用。

5. 核心图形中以“零”字组成“十字”形结构

体现经纬交叉的“零”点位置的科学性。“零”字图形后面留有“空白”，表现出“以白当黑”的中国美学理念，表现其运动感、汇聚感以及放射结构，表现“从零开始”和“千里之行始于足下”的意味。

6. 该标志中使用的文字均为古代汉字

原因有二个：一是艺术表现的需要，二是运用古代汉字易受到海内外华人的普遍认同、理解和欣赏。

五　尺度

该标志设计尺寸为规定的 1.6×1.6 米。

六　材料

1. 标志材料

钛合金材料或青铜铸造。这两种材料都坚硬、耐磨、耐腐蚀，便于永久保存。

2. 设计厚度与起伏

图案凹凸和造型线条的粗细变化依据环境尺度和观赏尺度来决定。

第八节　国家饮用水水源保护区标志设计

饮用水概念表现主要通过中国形象文字的“水”字与“饮用水杯”组合构成。

通过三层水波纹来表现“水源”和“保护”的概念，这个三层圈形具有强化保护的作用。

象形文字“水”字的波浪形造型，也象征双手扶持着“饮用水杯”，体现保护、珍惜饮用水资源的概念。

该标志图形设计中形成了两个水滴与中国太极图形暗合的造型，具有强烈的中国文化特性和运动感。

标志色彩设计为基本形是蓝色，象征水资源基本色；两滴水是绿色，象征环境保护的“绿色”概念；运用绿色衬托白色的饮用水杯，白色象征纯净。

该标志图形设计再经过进一步深化和技术设计，应具有公共信息标志的功能，即禁止、警告、指令、限制、提示的功能。它具有以下特点。

① 清晰简洁。图形符号细节数量少，容易看清楚。

② 易于区分。易与可能同时使用的其他图形符号相区别。

③ 易懂易记。易与其所要表达的含义相联系，即容易看懂或记忆。

④ 特色鲜明。具有中国文化特色。

⑤ 易绘易制。

附录一

“今日之规划，未来之遗产”

——访中国城市艺术设计学创始人郑宏

记者：中国城市规划的缺失在哪里？您认为怎样来弥补？你认为中国的城市艺术设计水平现在是什么状况？

郑宏：中国城市规划的主要缺失在几个方面。

第一，长期缺少城市艺术设计概念。在城市规划理论中没有这个概念和意识。长期忽视这个重要概念，导致城市艺术设计盲点多、缺位多，不能有效发挥城市艺术设计应有的作用。

第二，没有整体发展概念。城市规划学科应当最强调整体概念。但是很多问题的出现，就是反映出城市规划缺乏整体概念。

比如许多城市开始重视“历史文化名城保护”，就北京城市现状而言，历史文化名城保护是应该倍加重视的，但是从另外的角度看，这种提法缺乏整体发展观，是孤立的。历史文化名城是城市艺术设计中的遗产部分的内容，只重视城市艺术设计遗产保护研究是不全面的、是局部的。所以，我提出城市艺术设计学的概念，城市艺术设计学是整体研究城市艺术设计系统，这个系统中包含了城市艺术设计遗产研究和城市艺术设计创新研究。

另外一个例子是，中国高等院校城市规划原理教材有专门讲“广场”概念的内容，而不讲“广场群”，令人费解！这种“只见树木不见森林”的规划原理很值得思考。我在2001年提出的“广场群”的概念，我想也是对这种城市规划原理和理论的一种“补充”吧！

如何弥补这样的缺失，首先需要打破学科壁垒，加强学科交叉，真正提倡创新。

我们曾经有过辉煌的城市艺术设计历史，而目前的城市艺术设计水平处于较低状态，造成现状的原因是多方面的，我们需要认真思考。

记者：您认为城市艺术设计学能给城市带来哪些方面的影响？

郑宏：应当讲，城市艺术设计学的建立，它整合了城市艺术所涉及的诸多内容，形成一个系统。它的积极影响是现实和长远的。它不仅是城市规划和艺术设计学科发展的需要，也是城市长期建设发展的需要。

关键是如何使其产生积极影响。在我国当前情况下，正确理解和使用城市艺术设计概念更为重要，如果误用城市艺术设计概念，会造成对这个概念的误解，会影响城市艺术设计学的健康发展和推广。

比如，广场设计问题，城市广场是产生空间功能的一种基本元素，不存在城市要不要建广场的问题，由于广场建设理念不当，而否定广场概念，是非常可笑的。由于广场功能和本质认识有各种偏差，造成对广场建设的误解是很遗憾和可悲的。我们必须提倡科学认识创新概念，正确对待创新概念。

记者：您认为北京城市规划创新应该从什么地方入手？

郑宏：北京城市规划创新应从整体方面和城市性质定位上下功夫。

一是整体方面问题，首都北京规划，是全国发展的大事，参与规划讨论不能仅限于北京。

二是首都规划特殊性的认识需加强。首都不是一般性大城市、地方性城市。它是国家政治中心、文化中心，必须围绕这个概念来研究，不能偏离。一些其他城市功能必须有所减少，不能再搞大而全。

三是加强整体规划，减少局部规划和设计。加强城市艺术设计力度和控制深度。使城市在控制之下，掌握之中。研究城市艺术设计目标、控制目标。

四是加强精品意识，强调首都的政治中心、文化中心的城市艺术设计辐射作用，所以必须加强城市艺术设计。

记者：您认为作为一个优秀的城市规划师应该具备怎样的职业情操和素质？目前您觉得是什么情形？

我不是城市规划师，但我认为城市规划师应视国家利益高于一切，知识全面，勇于创新，具有正确的历史评价观。现在的情况是局部思考多，部门思考多，知识单一，缺乏创新，缺乏正确的历史评价观念。所谓被“现实”所困，缺少超越、前瞻。

记者：您对北京城市规划中存在的问题进言很多，按照您的说法是缘于一种家园意识，在很多进言不被采纳的情况下，您的家园意识是怎样支撑您的追求的？

郑宏：我对北京城市规划中存在的问题提出的有些看法和建议，是一个普通知识分子应当做的。只要认为对国家发展有利的事，大家都可以发表看法。如果遇到不被采纳的情况，也应当坚持。不能搞迎合，要甘于坐“冷板凳”。有些问题时间和历史会帮你说话的。我们现在有些“专家”，对问题发表看法搞“迎合”领导意图，从小方面理解是误事，大的方面讲是误国。

首都北京建设是每一个中国人的事，它是我们生活的地方，也是我们的精神家园，我们理所应当关注、关心首都北京的现状和未来。

记者：最近您提出的城市艺术设计学已经被总规修编办重视，您本人也成了领衔专家，请谈谈城市艺术设计学被吸纳的过程，您打算怎样来完成这项工作？

郑宏：我提出城市艺术设计学概念，以及一些建议被主管部门采纳，是非常值得高兴的事。

首先，体现了城市规划主管部门能够接纳各方面的意见和智慧，共同对一些问题开展研究，具有积极意义。另一方面，把学术观念与城市艺术设计实践相结合，进行个案研究，也是对学术研究工作意义的检验。

作为课题组领衔专家，感到是一种责任，一次机遇，一项挑战。我将以求真务实的精神，创新、前瞻的勇气完成这项工作，希望对北京城市总体规划以及北京城市艺术设计产生积极作用。

记者：您是一位画家，为什么偏偏对城市规划设计情有独钟？您从什么时候开始城市艺术设计学的研究工作的？

郑宏：我从青少年时期就开始学习中国画和书法，后考到了美术学院学习艺术设计，毕业后从事艺术设计专业教学，但始终没有放弃绘画研究和创作。20世纪80年代后期由于工作需要开始涉猎建筑设计和城市设计。逐渐将艺术设计与城市规划、城市设计的有关问题作为整体概念加以思考研究，并产生浓厚兴趣。随着艺术设计学科的发展，自己所教授的课程越来越接近艺术设计和城市设计之间的结合点。提出城市艺术设计学其实是随着研究的深入，将研究对象和研究特征用一个概念来准确表述的产物。同样，这个概念对中国这个领域的研究也具有一定的积极意义，它整合和明确了许多容易模糊、含混的内容，使研究对象明确了，研究方法和特征准确了。

记者：城市艺术设计学提出来之后，您遇到过哪些支持、哪些质疑，您怎样来看待？

郑宏：任何新概念的出现，总会受到支持和质疑，甚至反对。这些都是正常的。支持我也要做下去，不支持我也要做下去。

记者：为了推动城市艺术设计学的发展你有什么打算和举措？

郑宏：一是参与更多的城市艺术设计实践，二是进行城市艺术设计学全面、系统的理论研究，三是建设学科、培养人才，四是开展学术推广工作。

记者：您认为美好的城市规划是一幅怎样的景象？它应该散发出怎样的人文气息，表现出怎样的文化形态？

郑宏：城市规划涉及的概念十分广泛，但就城市艺术设计所追求的目标来想象，应当是充满无限美好愿望的。希望通过我们的城市艺术设计，能使它成为能看、好看和耐看的城市。通过我们的艰苦努力实现“今日之规划、未来之遗产”的理念。

《北京规划建设》记者麻其勇

2004 年第五期

附录二

艺术设计提升城市规划“精气神”

——访清华大学美术学院环境艺术设计系副教授郑宏

宽阔的广场、规整的布局、协调的建筑让人们从物质层面直观地看到了天安门广场的整体规划；高耸的旗杆、飘扬的国旗则从精神层面形成了独特景观，构成了天安门广场的标志性符号之一。“在规划中，物质和精神缺一不可。”清华大学美术学院环境艺术设计系副教授郑宏强调说。

城市规划偏重“物质”留下很多“缺憾”

城市艺术设计学是艺术设计与城市规划等学科综合、交叉、融合和分化的结果。在我国近现代的城市建设与发展中，由于受到各种因素的影响，城市艺术设计既没有很好地继承传统，也未能科学、准确地汲取西方合理的方法。

当前，我国的城市规划设计理念还是以城市物质功能规划为主要目标，对于城市精神形态以及艺术形态的设计与规划仅仅处于附属地位。对此，郑宏指出，这种以物质功能为主的城市规划方法，表面上看很“务实”，其实是对城市功能认识“缺位”的反映。他指出，城市艺术设计学应当从学科的科学性、合理性论证中得到确认，得到应有的重视。

郑宏以天安门广场的国旗升挂尺度设计为例。他说，从物质规划层面来看，天安门广场的规划几近完美。然而，如果将国家以及城市精神因素也考虑在内，现在的“国旗升挂尺度景观”尚有很多值得“再设计”的空间。

他说:“天安门广场的‘国旗升挂尺度景观’是构成国家象征的标志符号之一，与人民英雄纪念碑、天安门城楼景观共同构成国家形象符号系统。其审美尺度设计直接影响国旗展现效果，是国家形象塑造不可或缺的内容。”遗憾的是，目前，还缺乏针对天安门广场国旗旗面与旗杆尺度的专项研究。郑宏认为，研究天安门广场国旗旗面与旗杆尺度，研究尺度定位、依据和目标，研究一个符合我国大国形象的天安门广场国旗悬挂最佳尺度，是国家形象艺术设计的重要课题之一，也是城市景观艺术设计的重大课题之一。

他指出，现在3.3米的旗面高度与30米的旗杆高度形成1 ∶ 9的尺度关系，加上视觉“近大远小”的透视变化，国旗展现面显小，其尺度关系不协调，醒目度不够，没能充分展示出我国国旗的庄严与气势。另外，从天安门的整体布局来看，“国旗升挂尺度景观”和周边的建筑具有直接的空间联系。天安门城楼高度为33.7米；人民英雄纪念碑高度为37.94米；人民大会堂东立面高40米，两侧高31.2米；历史博物馆西立面高33米，廊高26.5米。现在的旗杆高度及旗杆直径尺寸与这些建筑相比明显较低、不够粗壮。所以他认为，应增大旗面尺寸，如果有条件还应适当加大旗杆径粗。

“艺术化设计”和“艺术品创作”展示城市“精神品质”

正如天安门广场国旗旗面与旗杆尺度设计的专项研究缺位一样，现在城市规划学科概念中，无论是宏观还是微观系统，都还没有城市艺术设计学这个概念。

有些人认为，社会需求是有等级的，只有先满足了物质需求，才能谈及精神层面的需求。但郑宏指出，规划是对城乡建设长远的发展计划，是对未来建设整体性、长期性、基本性问题的思考和研究。因此，规划必须在一开始就将物质和精神的需求统一考虑在内。只重视物质规划，必然导致城市规划的不完整性。他说:“城市文化性、艺术性的实现，必须要与城市功能规划相统一，而不是先做完城市功能性规划，再添加所谓的‘艺术规划’，将城市艺术设计当成城市的‘装饰品’，置于可有可无的境地。”他强调，城市艺术设计学应该在城市规划建设中占有十分重要的地位。因为城市艺术设计学强调了城市精神形态规划，理应成为城市规划中不可缺失的核心概念之一。

郑宏告诉记者，其实近些年，我国在研究城市相关问题上所涉及的与城市艺术设计学有关的概念很多，比如城市形象设计研究、历史文化名城研究、城市特色设计、城市美学研究、景观城市设计、旅游城市设计、山水城市设计、花园城市设计、市标、市徽、市花、城市艺术照明、城市雕塑、户外广告、城市设施、城市标识系统以及城市美化等概念。由此可见，城市学体系需要城市艺术设计学这个分支。

郑宏强调，城市建设不仅要做到“能用、好用、耐用”，还要确保“能看、好看、耐看”。因此，必须要把“物质规划”和“精神规划”统一起来，建设好我国的城市艺术景观。

《中国建设报》记者林培

2012年5月22日

附录三

郑宏：城市规划本来就需要艺术设计

郑宏先生是清华大学美术学院副教授，1985 年毕业于中央工艺美术学院并后留校任教于室内设计系，1987 年在清华大学建筑系进修建筑设计和城市设计课程，后逐渐将视野和学术兴趣转向城市环境艺术设计领域，从而创立了城市艺术设计学这一学科概念。

当下，郑宏先生正积极传播自己的理念和研究成果。而他最终的愿望是以城市艺术设计学为核心，研究其与城市功能、历史、文化、经济的关系，以更全面地理解和诠释我们生活着的城市。

城市规划需要艺术设计

“城市艺术设计学的概念是在有关景观设计教学内容和方式的转型、扩展中逐渐形成并被提出的。”中央工艺美术学院 1988 年将该系更名为环境艺术系，但是专业内核依然以室内设计为主，在 1995 年左右环境艺术系增加了景观设计本科课程教学内容，“这和我与时任环境艺术系主任的张倚曼先生的积极交流和建议有关，并由我率先担任景观设计课程教学工作。而环境艺术系最初希望增设室外设计的课程。”

“2008 年，我提出了广义景观设计学和狭义景观设计学的概念，其目的在于探讨美术学院景观设计的广义范畴的定位，我希望借此与狭义的园林学院园林系的景观设计内容形成区别，减少在不同学科背景下景观设计概念和内容认识的分歧和误读，避免学生在学业深化阶段和工作定位上形成不必要的困惑，并进一步解读美术学院景观设计应具有的专业特征。”

此外，城市艺术设计学的正式提出也直接基于一种特殊环境与机遇。1999 年，国际建协在北京举办了世界建筑师大会，这次会议由吴良镛先生主持，在该会议上形成了后来人们所熟知的《北京宣言》。当时任职《世界建筑》主编的陈衍庆先生邀请了郑宏先生参加其中清华大学分会场的学术活动。

“这次会议上的讨论并不是学术界的分水岭，当时的城市规划并没有形成学科融通、共享的繁荣景象，也鲜有美术学院的教师参与建筑规划的会议，但对我明确研究方向和兴趣是决定性的。我为这个会议专门写了一篇短文《艺术设计城市景观》，并在 2001 年发表于《人民日报》海外版。”

当时郑宏先生承担中央工艺美术学院环境艺术系景观设计课程教学工作已 5 年有余。在那次有关城市规划的会议上，多位规划学界的专家畅谈改革开放以来城市规划的发展之余也提出了困惑和顾虑，虽然城市规划的规模庞大、成果斐然，但是城市却在逐渐趋同。基于中央工艺美术学院的艺术设计优势，他提出了城市规划需要艺术设计的观点，“城市艺术设计的设想并不仅是基于我个人对艺术的喜好，也是很现实地解决城市发展问题的方法，我以为，城市趋同依然是城市规划学界的困惑。将艺术设计引入城市规划是可以在城市建设中发挥它的作用的。”

2004 年初郑宏应邀参加北京市总体规划修编工作座谈会，最初的总体规划修编修订工作设置 26 个课题作为支持总体规划修编的子课题目录，而这 26 个课题组在郑宏的研究视野中被认为创新度偏低。他在会议上呼吁在城市总体规划修编中应列入城市艺术设计规划这一概念。后来，这一建议被北京市规划委员会采纳，同时设置第 27 课题组并由郑宏先生担任课题组组长和领衔专家。于此，他的研究方向和研究兴趣也逐渐被他人所接纳，其本人一直坚持专研至今。

用艺术的眼睛关注城市特色

不同城市有不同的特点和历史，城市规划正是在基于不同特点中尝试为城市找到发展的优势性差异，但随着城市发展的平面化扩张，城市却趋于相似。常规的城市规划学科是否在其学科分布和架构本身即存在缺陷，而对这一趋同现象造成潜在的诱导？坚称解决现实问题的城市艺术设计在哪些层面有益于针对此的改变？“城市艺术设计学基于城市性质、功能和文化、经济发展，会对城市形态调整提出艺术设计建议，主张围绕城市性质、功能和发展目标进行规划，而并非传统意义上的雕塑、景观类的局部规模介入和添加。城市艺术设计规划是在城市规划上游阶段与其他规划要素进行融合，而不是仅仅在中游和下游阶段参与设计。”

郑宏认为：“至今，在中国城市规划与设计实践中，总体城市规划中的城市文化艺术规划内容并不受重视，没有被列入《城市规划法》中作为法定规划内容。大多数艺术设计师参与的是微观和中观层面的设计，因此仅不断形成局部环境调整和局部的高强度的艺术规划。”

在建筑学界有一种观点认为大多数建筑都只承载背景作用，只有少数建筑成为艺术代表，这也是大多数建筑师的观点。郑宏针对这一倾向于建筑伦理的认识指出了其局限性，普通民居住宅、公共建筑的艺术性被忽略，而这些作为背景的建造也需要艺术。“任何建筑、场所规划所处的较弱势地位并不意味着其没有艺术特性和精神需求。所有物质在没有艺术需求的前提下被生产出也会产生审美价值，也会存在艺术形态，艺术要求是所有具文化属性的物质生产所派生出的特性。即具有更高审美附加值的建造，而不仅仅是居住的‘容器’的生产。”

他将城市中客观存在的建造分为两类，一类为在使用功能基础上进行的艺术化设计，另一类则是作为完全艺术状态被创作的艺术品。“在所谓‘艺术化设计’中，强调的是“化”的程度。汉语中有一个词叫变化，变是质变，化是量变，化是变之渐，变是化之成。城市艺术的艺术化程度是设计者可以设定的，这意味着艺术化设计本身存在弹性和梯度空间要求。”

“在一定需求的条件下，建筑或城市艺术设计者可以进行更高层次的艺术创作，而不是仅仅满足解决使用功能等一般需求，城市需要具有影响力的、符号化的艺术品。例如国家大剧院，它是遵从现代主义理念以满足功能需求为目的的观演建筑。其外部形态更多地体现为文化艺术符号作用和景观艺术作用，是在使用功能基础上增加的艺术性这一最重要元素。”当城市被作为艺术设计的对象时，郑宏希望“用艺术的方式思考城市建设的预想能逐渐被理解和接受。因为人们不仅需要一个好用、能用、耐用的城市，也需要一个能看、好看和耐看的城市。”

城市面对着问题，而解决并非易事，例如对城市的过去与现在、过去与未来的关系的化解。一般而论的城市规划普遍从科学角度诠释城市的价值和生存方式，而从艺术的角度看待城市，其理论的适应性正面临挑战。“以苏州为例，苏州城市的美是与昆曲具同质异构性的历史美、自然美、文化美。虽然有人提出‘苏州不需要现代化’的极端建议，但在社会、人文环境变化中谈论城市发展，苏州现代化确实是一个问题，而这个问题并没有被解决。”按照郑宏的观点，既然苏州美的内容不包括汽车、自行车等工业产品，它的历史美学定位是基于传统的定位，那么其美学特征也就无法适应于现代性。“任何城市有文化发展的高峰和低谷，反映着文化阶段性积累的过程，一些历史城市在高速发展中被幸运地保护下来，作为已建城市，它们并没有必要迎合现代发展形态，也不必急速地适应时代，而可以选择按照自身特点和环境缓慢延续。”

“文化是宽泛的，而艺术是将思想观念形式化的过程。”基于这一美学视角，历史城市景观保护应被看作城市艺术设计中的一个方面。“城市艺术设计学是在整体上研究城市的艺术设计系统，包括对城市历史保护和城市创新发展两方面的研究。城市历史保护是‘静’的，城市创新发展是‘动’的。城市艺术设计规划的原则包括五个方面，顺应自然，尊重历史，发展特色，整体设计、长期完善。城市艺术的核心是创造个性，新建物质与已建成的环境关系需要城市艺术规划师有对艺术的整体把握，对物质形态的形成和生产、衔接对象之间的关系的理解的成熟定位，需要学者能够认真发掘研究。”

艺术设计对城市规划教学的启发

“有关城市规划和建筑设计的教育一直存在艺术方面教育不足的问题，这直接造成了建筑设计水平的先天不足，也间接造成了城市形态发展的面貌缺陷。为何中国建筑项目屡屡被国外建筑师竞标获得？为何城市风貌呈现趋同？这些都或直接或间接反映了城市规划师、建筑师在艺术层面上的弱势。”城市的风貌在郑宏眼中呈现为不协调的景观，而这种不协调也存在于其学术内容中。郑宏反对他人阶段解决的看法，一些人认为艺术并非必需品，而城市艺术范围广泛而含义渐深，更需大量人力、物力和精力的渐次投入，与这一发展时期的目的和要求难有匹配。而郑宏认为，恰因为这些特点，一座已建成的城市将须投入更多成本完成艺术的转换，为何不在过程中实现兼而有之。而教育正是他认为最需弥补的机会。

“城市规划中完成城市艺术设计的条件是什么？城市规划师能不能处理城市艺术问题？这些问题的模糊回应表明了城市规划师在其自身知识结构体系上没有针对性地被培养艺术意识和艺术能力。城市规划涉及多个学科，但唯独缺少艺术教育的系统性设置和发展。而根本原因正在于，中国中学教育系统中过早的文理分科制度与大学教育系统中建筑学科的理工趋向，形成了多代人人文修养和科学修养分化的‘半边’式发展。建筑学科在本质上是需要艺术与技术均衡发展的学科，虽然建筑师可以选择成为工程师或艺术家，但是实际上，当今的建筑师并没有获得这样的选择机会。”

城市艺术设计学是对多学科综合、交叉的结果，城市艺术设计成果对社会发展起到积极而特殊的作用，无论中外均有大量案例。郑宏坦言："我国城市艺术设计不应该受到目前学科研究中'画地为牢''各自为战'不良风气的影响。更重要的问题在于，文化艺术是全民共享的资源，鼓励艺术创造是社会文化发展的必然要求。我所看到的一些城市环境艺术设计的的确确艺术设计水平太差，说明了城市艺术设计介入城市规划的必要性和紧迫性。中国城市建设需要体现城市'精、气、神'，城市艺术设计与创作是实现城市'精、气、神'重要方法。"

《中华建筑报》记者张旻孚

2012 年 10 月 9 日

后　记

笔者接触城市设计是在 1987 年，那时在清华大学建筑系进修，选了朱自煊先生主讲的城市设计课，觉得特别有兴趣！那时中央工艺美术学院的环境艺术设计，主要是室内设计，涉及室外环境艺术设计的课程内容比较少。受城市设计的影响，笔者的注意力开始转向城市环境艺术研究，虽讲授景观设计课程，但侧重于城市环境景观设计，出版了《环境景观设计》教材并编写《广场设计》一书，还发表了《北京城市广场群设计》等文章。没想到引起了城市规划界学者的关注，被邀请加入北京城市规划学会，担任学会城市风貌与城市设计学术委员会委员，还被邀请参加 1999 年由中国建筑学会等单位主办的“走向 21 世纪的中国建筑艺术学术研讨会”，发言题目是“有关中国城市广场的设计”。后来主编了“中国城市艺术设计发展战略”丛书，得到张仃先生支持。

2004 年正值北京城市总体规划修编，笔者呼吁城市总体规划修编应进行北京城市艺术设计发展战略研究，获得了支持，受北京规划委员会委托担任“北京城市艺术设计发展战略”课题组组长。之后陆续完成了国家级历史文化名城“浚县云溪广场设计”等专项规划以及城市公共艺术“开放之门”等的创作。

2010 年开始进行天安门广场国旗升挂尺度设计研究，这项研究不仅涉及国家形象优化问题，还涉及国家形象设计与立法管理，得到九三学社中央的支持。这些研究都是城市艺术设计意识积累的结果。

2014年初笔者去巴黎工作室，有机会深入了解和感受巴黎的城市艺术设计，体会巴黎城市艺术的深厚历史与锐意创新，了解巴黎城市艺术控制性与非控制性的相关内容和方法。

其中有一点感触比较深是，虽然巴黎城市艺术设计价值实现经历了很多“争议”，但对待“争议”的态度和历程更值得我们思考与研究。为此写了篇《争议中的巴黎城市艺术设计》短文，关注城市艺术设计中的“争议”问题，我们要鼓励创新，培养对“争议”的宽容态度和能力，有了宽容的能力，创新才可能真正出来，切莫“叶公好龙”。

笔者常想，如果人人每天做一点力所能及或力所不及的事也蛮有意思的，前者谓之现实而后者谓之理想。

最后，本书得以顺利出版，特别要感谢社会科学文献出版社和编辑杨轩女士的支持！

由于书中所用部分图片未能联系到图片版权所有人取得授权，谨在图片下方标明了图片来源，在此表示遗憾和歉意。敬请图片版权所有人与笔者取得联系，邮箱：13701272694@163.com，非常感谢！

郑宏

2015年8月于北京九方斋

参考文献

著作

北京市地方志编纂委员会:《北京志－建筑卷－建筑志》，北京：北京出版社，2003。

北京市地方志编纂委员会:《北京志－市政卷－道桥志－排水志》，北京：北京出版社，2003。

北京市规划委员会，北京城市规划学会:《长安街过去－现在－未来》，北京：机械工业出版社，2004。

编委会:《简明不列颠百科全书》，中国大百科全书出版社，2005。

本卷编辑委员会:《中国大百科全书·建筑、园林、城市规划卷》，北京：中国大百科全书出版社，1988。

本卷编辑委员会:《中国大百科全书·地理卷》，北京：中国大百科全书出版社，1988。

董鉴泓:《中国城市建设史》，北京：中国建筑工业出版社，1989。

段汉明:《城市设计概论》，北京：科学出版社，2006。

郭万祥:《清孝陵大牌楼》，北京：中国建筑工业出版社，2009。

侯仁之，邓辉:《北京城的起源与变迁》，北京：中国书店，2001。

黄继忠，夏任凡:《城市学概论》，沈阳：沈阳出版社，1989。

李德华:《城市规划原理》，北京：中国建筑工业出版社，2001。

刘大可:《中国古建筑瓦石营法》，北京：中国建筑工业出版社，1993。

刘敦桢:《中国古代建筑史》，北京：中国建筑工业出版社，1984。

刘敦桢:《刘敦桢文集》，北京：中国建筑工业出版社，1990。

马炳坚:《中国古建筑木作营造技术》，北京：科学出版社，1991。

马正林:《中国城市历史地理》，济南：山东教育出版社，1998。

内部资料:《建国以来的北京城市建设》，北京，1986。

阮仪三:《城市建设与规划基础理论》，天津：天津科学技术出版社，1992。

沈玉麟:《外国城市建设史》，北京：中国建筑工业出版社，1989。

王德胜:《科学符号学》，沈阳：辽宁大学出版社，1992。

王建国:《现代城市设计理论和方法》，南京：东南大学出版社，1991。

夏尚武、李南:《百年天安门》，北京：中国旅游出版社，1999。

辛向东等:《我爱你五星红旗——摄影与书法作品集》，北京：解放军出版社，2005。

杨宽:《中国古代都城制度史研究》，上海：上海古籍出版社。

叶骁军:《中国都城发展史》，西安：陕西人民出版社，1988。

俞孔坚，李迪华:《景观设计：专业学科与教育》，北京：中国建筑工业出版社，2003。

张承安:《城市设计美学》，武汉：武汉工业大学出版社，1990。

张敬淦:《北京规划建设纵横谈》，北京：燕山出版社，1997。

郑宏:《环境景观设计》，北京：中国建筑工业出版社，1999。

郑宏:《广场设计》，北京：中国林业出版社，2000。

郑宏:《中国城市艺术设计发展战略》，南京：东南大学出版社，2004。

郑宏:《环境景观设计》，北京：中国建筑工业出版社，2006。

郑宏:《城市形象艺术设计》，北京：中国建筑工业出版社，2006。

郑宏:《北京城市艺术设计发展战略研究》，北京：清华大学出版社，2013。

中国城市规划学会:《五十年回眸——新中国的城市规划》，北京：商务印书馆，1999。

钟纪刚:《巴黎城市建设史》，北京：中国建筑工业出版社，2002。

〔英〕F. 吉伯德:《市镇设计》，程里尧译，北京：中国建筑工业出版社，1983。

〔美〕H.H. 阿纳森:《西方现代艺术史》，邹德侬译，天津：天津人民美术出版社，1986。

〔奥〕卡米诺 · 西特:《城市建设艺术》，仲德昆译，南京：东南大学出版社，1990。

〔美〕凯文 · 林奇:《城市的印象》，项秉仁译，北京：中国建筑工业出版社，1990。

〔意〕L. 贝纳沃罗:《世界城市史》，薛钟灵译，北京：科学出版社，2000。

〔美〕鲁道夫·阿恩海姆:《艺术与视知觉》，滕守尧，朱疆源译，北京：中国社会科学出版社，1984。

〔日〕芦原义信:《外部空间设计》，尹培桐译，北京：中国建筑工业出版社，1985。

〔美〕芒福德:《城市发展史》，倪文彦，宋峻岭译，北京：中国建筑工业出版社，1989。

〔英〕M. 盖奇:《城市硬质景观设计》，张仲一译，北京：中国建筑工业出版社，1985。

〔美〕培根:《城市设计》，黄富厢，朱琪译，北京：中国建筑工业出版社，1989。

〔美〕伊利尔·沙里宁:《城市：它的发展、衰败与未来》，顾启源译，北京：中国建筑工业出版社，1986。

〔美〕约翰·O. 西蒙兹:《景观设计学：场地规划与设计手册》，俞孔坚译，北京：中国建筑工业出版社，2000。

论文

郑宏:《艺术设计城市景观》,《人民日报（海外版）》，2001 年 8 月 31 日版。

郑宏:《北京城市广场群的研究》,《中国建设报》，2001 年 10 月 9 日版。

郑宏:《北京城市广场群构想》,《装饰》，2002 年第 6 期，第 6~8 页。

郑宏:《城市艺术设计学：一门亟待建立的前沿学科》,《北京规划建设》，2004 年第 4 期，第 126~127 页。

郑宏:《城市艺术设计学初探》,《装饰》，2004 年第 6 期，第 6~7 页。

郑宏:《北京城市广场群概念设计》,《北京规划建设》，2004 年第 1 期，第 116~110 页。

郑宏:《生态美、历史美和创新美—北京城市艺术发展理念》,《北京规划建设》，2005 年第 2 期，第 150~153 页。

郑宏:《优先规划北京旧城城市公共开放空间》,《北京规划建设》，2006 年第 2 期，第 94~98 页。

郑宏:《广义景观艺术设计学概念初探》,《北京规划建设》，2008 年第 5 期，第 154~159 页。

郑宏:《纪念门的设计研究》,《北京规划建设》，2009 年第 2 期，第 135~140 页。

郑宏:《北京广场群建构与城市公共空间的系统优化》,《北京规划建设》，2010 年第 3 期，第 32~35 页。

郑宏:《北京牌坊牌楼保护、恢复与增建研究》,《北京规划建设》，2010 年第 5 期，第 113~118 页。

郑宏:《天安门广场国旗悬挂尺度设计研究》,《北京规划建设》, 2010 年第 6 期, 第 172~177 页。

郑宏:《北京城市艺术设计品质的优化与提升》,《北京规划建设》, 2012 年第 1 期, 第 95~97 页。

郑宏:《天安门广场国旗旗杆高设计研究》,《北京规划建设》, 2012 年第 6 期, 第 168~174 页。

郑宏:《梦蝶》,《北京规划建设》, 2014 年第 4 期, 第 135~137 页。

郑宏:《争议中的巴黎城市艺术设计》,《北京规划建设》, 2015 年第 2 期, 第 144~147 页。

郑宏:《城市公共艺术设计语言初探》,《北京规划建设》, 2015 年第 4 期, 第 146~153 页。

图书在版编目（CIP）数据

城市艺术设计研究 / 郑宏著. —北京：社会科学文献出版社，2015. 10

ISBN 978-7-5097-8167-8

Ⅰ. ①城… Ⅱ. ①郑… Ⅲ. ①城市规划－建筑设计－研究 Ⅳ. ①TU984

中国版本图书馆CIP数据核字（2015）第238833号

城市艺术设计研究

著　　者 / 郑　宏

出 版 人 / 谢寿光
项目统筹 / 顾婷婷
责任编辑 / 杨　轩

出　　版 / 社会科学文献出版社
地址：北京市北三环中路甲29号院华龙大厦　邮编：100029
网址：www.ssap.com.cn
发　　行 / 市场营销中心（010）59367081　59367090
读者服务中心（010）59367028
印　　装 / 北京季蜂印刷有限公司

规　　格 / 开　本：787mm×1092mm　1/16
印　张：13. 75　字　数：265千字
版　　次 / 2015年10月第1版　2015年10月第1次印刷
书　　号 / ISBN 978-7-5097-8167-8
定　　价 / 59. 00元